AF524185

Dr. Jürgen Harlizius | Prof. Dr. Isabel Hennig-Pauka

Farbatlas Schweinekrankheiten

92 Farbfotos
3 Zeichnungen
2 Tabellen

Vorwort

Noch ein Buch über Schweinekrankheiten? Es scheint doch genügend Informationen darüber zugeben. Wie andere Bücher ist auch dieses Buch für Praktiker geschrieben, für den Landwirt, Berater, Studenten der Tiermedizin und für den praktizierenden Tierarzt.

Anders als andere Bücher orientiert sich dieses Buch aber am „Sichtbaren", also an dem, was der Landwirt oder Tierarzt im Stall zu sehen bekommt und was er bewerten muss. Es ist in guter Zusammenarbeit zwischen Praxis und Wissenschaft entstanden.

Mit diesem Bildband zu den häufigsten und wirtschaftlich bedeutsamen Schweinekrankheiten soll der Blick geschärft werden für Befunde, die beim Schwein häufig gesehen werden können und anhand derer die Weichen gestellt werden für ein gezieltes weiteres diagnostisches Vorgehen und für eine tiefer gehende Information zu den in Frage kommenden Erkrankungen. Außerdem wird auf die möglichen Differentialdiagnosen verwiesen.

Das Buch richtet sich an alle, die Schweine halten, Schweine haltende Betriebe beraten und betreuen. Für Studierende der Veterinärmedizin kann es eine sinnvolle Ergänzung zu den Lehrbüchern darstellen, da es eine Hilfe zum Erkennen von Krankheitsbildern sein kann. Mit Hilfe der Gliederung nach Körperregionen soll es dem Benutzer ermöglicht werden, Krankheitsbilder einfach zuzuordnen.

Da der Körper auf verschiedene Erkrankungen aber zum Teil die gleiche Antwort gibt (z. B. Husten) und die Übergänge zwischen den Erkrankungen häufig fliessend sind, ist es oft schwierig, das Gesehene in den richtigen Kontext zu bringen. Die exakte Beschreibung des Krankheitsgeschehens bringt den Tierarzt auf die richtige Fährte. Die letztendliche Abklärung, insbesondere der Infektionskrankheiten, wird dann über gezielte weiterführende Diagnostik eingeleitet.

Das Erkennen des Gesundheitszustands einer Herde ist in größeren Betrieben eine der Hauptaufgaben des Betriebsleiters. Hierbei sollten die Sinne (Sehen, Hören, Riechen, Fühlen) genutzt werden, um abnormales Tierverhalten zu entdecken. Von elementarer Bedeutung sind die Umgebung und deren Einfluss auf das Tierverhalten.

In kleinen Tiergruppen und bei rationierter Fütterung ist der Zeitaufwand für die Beobachtung geringer als bei Großgruppen. Dies gilt sowohl bei der Sauenhaltung als auch in der Ferkelaufzucht und Mast. Die Anforderungen an die Fachkenntnis des Betriebsleiters sind bei großen Gruppen höher. Bei einigen Erkrankungen ist es natürlich auch nicht möglich, nur auf die sichtbaren Veränderungen einzugehen.

Dieses Buch gibt Hilfestellung bei der Einordnung der Geschehnisse im Stall.

Die endgültige Diagnose mit der Ursachenfindung und eine tierärztliche Bestandsbetreuung mit der Planung von Vorbeugemaßnahmen, wie die Erstellung von Impfkonzepten und Therapieplänen, können dadurch auf keinen Fall ersetzt werden.

Danken möchten wir allen Schweinehaltern, bei denen wir fotografieren durften und bei den Kolleginnen und Kollegen, die uns weiteres Bildmaterial zur Verfügung gestellt haben. Ein besonderer Dank für die kritische Durchsicht und Ergänzung des Manuskripts gilt Dr. Hendrik Nienhoff vom Schweinegesundheitsdienst Niedersachsen.

Nicht zuletzt möchten wir uns bei unseren Familien bedanken, die uns immer unterstützen.

Jürgen Harlizius, Isabel Hennig-Pauka
Much und Wien im Frühjahr 2014

Inhalt

Vorwort 2

1 Kopfregion 6

1.1 Nekrosen im Lippen- und Backenbereich 6

1.2 Ödemkrankheit (Enterotoxämie) 8

2 Auge 12

2.1 Konjunktivitis 12

3 Ohren 14

3.1 Otitis media et interna 14

3.2 Ohrräude (siehe Räude) 16

3.3 Ohrrandnekrosen 17

3.4 Blutohr 19

4 Nase 22

4.1 Rhinitis 22

4.2 Progressive Rhinitis atrophicans 24

4.3 MKS und Bläschenkrankheit 27

5 Stamm 28

5.1 Nabelbruch 28

5.2 Nabelentzündung 31

5.3 PMWS/PNDS, Circovirusinfektion 33

5.4 Rückenmuskelnekrose oder Bananenkrankheit 38

5.5 Strahlenpilz 41

6 Haut 44

6.1 Ringflechte; Pityriasis rosea 44

6.2 Ferkelruß 45

6.3 Sonnenbrand 48

6.4 Parakeratose 50

6.5 Schweinerotlauf 53

6.6 Schweinepest 57

6.7 Schweineläuse 61

6.8 Räude (siehe Ohr) 62

6.9 Eisenmangelanämie 66

6.10 Eperythrozoonose 69

7 Schwanz 72

7.1 Schwanznekrosen 72

7.2 Kannibalismus 73

7.3 Afterlosigkeit 77

7.4 Mastdarmvorfall, Prolaps ani 78

8 Gliedmaßen 81

8.1 MKS und Bläschenkrankheit 81
8.2 Selenvergiftung 84
8.3 Stallklauen 85
8.4 Panaritium 88
8.5 Gelenksentzündung 90
8.6 Arthrose 92
8.7 Grätscherferkel 95
8.8 Epiphyseolysis/Apophyseolysis 97

9 Verhalten 100

9.1 Ödemkrankheit (siehe Kopf) 100
9.2 Streptokokkenmeningitis 100
9.3 Aujeszkysche Krankheit 105

10 Kotbeschaffenheit 108

10.1 Clostridieninfektion 108
10.2 Escherichia coli-Infektionen 110
10.3 Dysenterie 114
10.4 Porzine Proliferative Enteropathie 118
10.5 Salmonelleninfektion 123
10.6 Kokzidiose 127
10.7 Spulwurmbefall 128
10.8 Magengeschwür 132

11 Harn- und Geschlechtsorgane 135

11.1 PRRS 135
11.2 Parvovirusinfektion (SMEDI) 138
11.3 Abort 140
11.4 Harnwegsinfektion 143
11.5 Mastitis Metritis Agalaktie (MMA) 147
11.6 Missbildungen der Geschlechtsorgane: Binneneber, Bruchferkel, Zwitter 150
11.7 Scheidenvorfall 154
11.8 Gebärmuttervorfall 156
11.9 Mykotoxikosen 157

12 Atemwege 163

12.1 Erkrankungen der Atemwege 163
12.2 Ferkelgrippe 167
12.3 APP 169
12.4 Glässersche Krankheit 172
12.5 Influenza 174
12.6 PRRS (Porcine Reproductive and Respiratory Symdrome) 176
12.7 Porzines Circovirus Typ 2 (PCV2) 176
12.8 Bakterielle Mischinfektionen 177

Service 179

Begriffsbestimmungen 179
Sachregister 180
Bildquellen 180
Autoren 184
Impressum 185

1 Kopfregion

1.1 Nekrosen im Lippen- und Backenbereich

Symptome

Bei Saugferkeln werden häufig Hautverletzungen im Bereich der Lippen und der seitlichen Gesichtsmuskulatur beobachtet. Zu Beginn sind sie frisch blutig, aber schon nach wenigen Stunden verschorfen sie. Im weiteren Verlauf stirbt das Hautgewebe ab und wird nekrotisch. Da es dann nicht mehr durchblutet ist, erscheint es schwarz verfärbt.

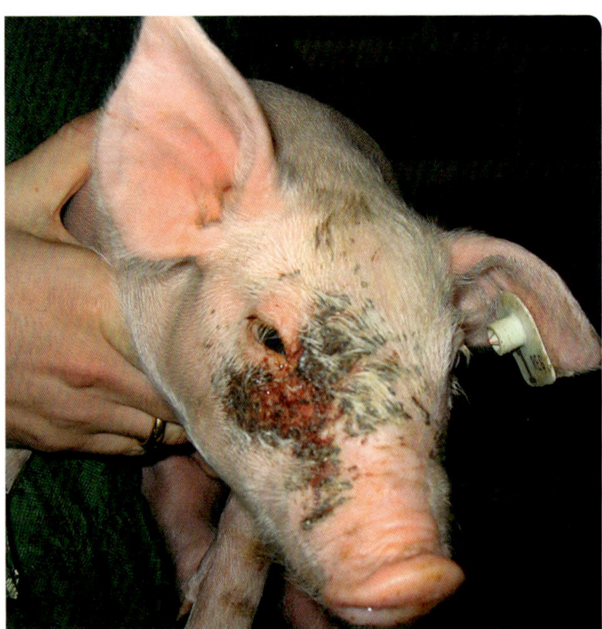

Abb. 1 Bissverletzungen verursachen schwarze Verkrustungen.

Ursachen

Saugferkel haben bei der Geburt ein komplett ausgebildetes Milchgebiss. Die typischen Hautverletzungen im Bereich des Kopfes entstehen bei Rangordnungskämpfen der Saugferkel um die Zitzen am Gesäuge mit der besten Milchleistung. Häufig sind die ersten Verletzungen schon am 2. Lebenstag der Ferkel deutlich zu erkennen.

Behandlung

Eine Behandlung ist nicht immer notwendig, aber bei stark betroffenen Tieren sollte durch eine antibakterielle Therapie einer Allgemeininfektion vorgebeugt werden, da jegliche Hautverletzungen Erregereintrittspforten darstellen.

Vorbeuge

Es sollten nur Sauen mit mindestens 14 ausgebildeten Zitzenkomplexen zur Zucht verwendet werden. Bei größeren Würfen oder wenn die Milchleistung der Sauen durch Gesäugeverletzungen oder -entzündungen herabgesetzt ist, müssen die Ferkel an andere Sauen oder künstliche Ammen versetzt werden. Dieses Umsetzen sollte innerhalb der ersten 24 Stunden nach der Geburt erfolgen, um weitere Rangordnungskämpfe an der Ammensau zu minimieren. Meist empfiehlt es sich, die kräftigsten Ferkel von der Mutter zu trennen. Vor dem Umsetzen sollte aber durch wechselseitiges Ansetzen von Ferkeln an die funktionierenden Gesäugekomplexe sichergestellt werden, dass die Ferkel genügend Biestmilch ihrer eigenen Mutter aufnehmen.

In der Vergangenheit wurden den Saugferkeln die Zahnspitzen abgekniffen. Dies ist nach dem Tierschutzgesetz verboten, denn die Verletzungen des Zahnfleisches und das Splittern der Zähne waren häufig schmerzhaft. In der Folge konnten schwerwiegende Zahnfleisch-, Kiefer- oder Gelenksentzündungen entstehen, da die Pulpahöhlen meist mit eröffnet wurden und eine Eintrittspforte für Keime darstellten.

Allerdings können die Zahnspitzen der Saugferkel, nach tierärztlicher Indikation, mit einer Feile oder besser einem elektrischen Zahnschleifer eingekürzt werden.

Verlauf und Ausgang

Sobald überzählige Ferkel aussortiert worden sind und die Rangordnung der Ferkel an der Gesäugeleiste festgelegt ist, lassen die Beißereien nach und die Verletzungen heilen von selbst wieder ab. Wenn zum Ende der Säugezeit oder durch Erkrankungen der Sau die Milchleistung wieder nachlässt, können aber Kämpfe um die Zitzen erneut beginnen.

1.2 Ödemkrankheit (Enterotoxämie)

Symptome

Die Ödemkrankheit ist eine typische Erkrankung der Absetzferkel, die meist wenige Tage nach dem Absetzen auftritt. Selten wird sie bei Saugferkeln und nur in Einzelfällen auch bei Mast- oder Zuchtschweinen beobachtet. Erfahrungsgemäß erkranken besonders die gut entwickelten Ferkel, die Besten der Gruppe. Ohne vorherige Anzeichen liegen sie plötzlich auf der Seite und können nicht mehr aufstehen. Im Anfangsstadium können ein taumelnder oder schwankender Gang und unkoordinierte Bewegungen beobachtet werden. Im weiteren Verlauf können Querschnittslähmungen oder zwanghafte Ruderbewegungen auftreten. Der Bereich des Kopfes, insbesondere der Nasenrücken und die Augenlieder, sind häufig, aber nicht immer ödematös geschwollen. Das betroffen Gewebe fühlt sich teigig an, Fingereindrücke des Untersuchers bleiben kurze Zeit sichtbar. Lautäußerungen können verändert sein oder ganz unterbleiben, da auch der Kehlbereich ödematisiert ist. Durch Wasseransammlung in der Lunge kann es zur Atemnot kommen. Fieber kann in der Regel nicht festgestellt werden. Innerhalb weniger Stunden und Tage können mehrere Tiere einer Gruppe erkranken. Betroffene Tiere verenden ohne Behandlungsmaßnahmen innerhalb der nächsten 24 Stunden. Häufig werden sie mit nach hinten ausgestreckten Hintergliedmaßen tot aufgefunden. Andere Tiere derselben Gruppe können vollkommen gesund erscheinen.

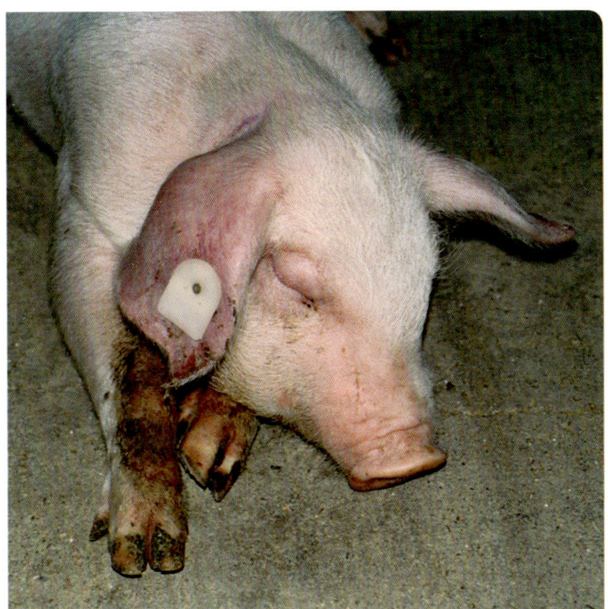

Abb. 2 Durch die Toxinwirkung von Escherichia coli sind die Augenlider ödematös geschwollen.

Ursachen

Escherichia coli-Stämme (siehe Durchfallerkrankungen) mit dem Fimbrienantigen F 18 heften sich im Dünndarm an die Schleimhaut und vermehren sich massenhaft. Die Bakterien setzen ein Gift frei (Shiga-like-Toxin, Stx2e), das systemisch im Organismus wirksam wird und zur Schädigung der Blutgefäße führt. Als Folge tritt Blutserum aus und es bilden sich Gewebsödeme v.a. am Augenlid und auf dem Nasenrücken. In der Sektion sind Ödeme auch am Magen, dem Dickdarmgekröse oder der Gallenblase gut zu erkennen. In Folge der eingeschränkten Gefäßfunktion wird auch das zentrale Nervengewebe geschädigt. Bei Schädigung des Rückenmarks sind Querschnittslähmungen typisch; bei Schäden im Gehirn werden Ataxien und Zwangsbewegungen deutlich.

Diagnose

Der typische Verlauf in Zusammenhang mit dem Absetzen und einem Futterwechsel deutet auf Ödemkrankheit hin. Andere Erkrankungen mit zentralnervösen Ausfallerscheinungen, wie Streptokokkenmeningitis, Meningitis nach *Haemophilus parasuis-* oder Circovirus-Infektion, Aujeszkysche Krankheit oder eine Kochsalzvergiftung müssen ausgeschlossen werden. In Darmproben erkrankter Tiere können die toxinbildenden *E. coli*-Stämme durch die mikrobiologische Untersuchung nachgewiesen werden.

Behandlung

Die massenhafte Vermehrung der *Escherichia coli*-Keime kann durch eine antibiotische Behandlung verhindert werden. Durch Behandlung mit Glucocorticoiden kann die Wirkung des Toxins und der Flüssigkeitsaustritt aus den Gefäßen vermindert werden. Häufig ist jedoch der Krankheitsprozess schon so weit fortgeschritten, dass sich das zerstörte Nervengewebe nicht mehr regenerieren kann.

Vorbeuge

Im Vorfeld müssen Verdauungsstörungen vermieden werden. Das Absetzen muss möglichst belastungsarm erfolgen. Um den Absetztermin herum sollten Futterwechsel, Impfungen, Operationen und Transporte möglichst vermieden werden. Zuerst sollten die Sauen aus den Abferkelabteilen entfernt werden, bevor dann die Ferkel frühestens 2 Tage nach Trennung von der Muttersau umgestallt werden. Im Aufzuchtstall muss die Raumtemperatur bei Einstallung mindestens 28 °C betragen. Eine intensive energie- und proteinreiche Fütterung kann die starke Vermehrung der Bakterien fördern und ist daher zu vermeiden (13 MJ/kg, 15 % Rohprotein, 6 % Rohfaser). Durch den Einsatz von Enzymen oder aufgeschlossenem Getreide kann die Verdauungskapazität erhöht werden. Durch die Ergänzung von essentiellen Aminosäuren kann der Rohproteingehalt abgesenkt werden. Die Säurebindungskapazität eines Absetzfutters darf nicht zu hoch sein, so dass gegebenenfalls Mineralstoffgehalte (Kalzium, Phosphor) abgesenkt oder organische Säuren zugesetzt werden müssen. In Problembeständen ist der Einsatz eines Impfstoffes empfehlenswert, der aus Bestandteilen des Toxins gewonnen wurde. Ab dem 4. Lebenstag können Saugferkel geimpft werden. Eine einmalige Impfung ist ausreichend und nach 21 Tagen sind die geimpften Tiere geschützt.

Eine genetische Resistenz ist für einige Sauen- und Eberlinien beschrieben und kann mit Hilfe eines Gentests (DNA-Analyse) nachgewiesen werden. Da die Resistenz rezessiv vererbt wird, sind nur die Nachkommen resistent, die von beiden Elternteilen das Resistenzgen geerbt haben.

Verlauf und Ausgang

Bei deutlich sichtbar erkrankten Tieren ist das Nervengewebe häufig schon sehr weit zerstört, so dass eine Wiederherstellung, auch durch intensive Behandlungen, kaum mehr möglich ist. Gesund erscheinende Tiere derselben Gruppe sollten einer metaphylaktischen Behandlung unterzogen werden.

2 Auge

2.1 Konjunktivitis

Symptome

Die Entzündung der Schleimhaut der Lidinnenfläche wird als Konjunktivitis bezeichnet. Die Leitsymptome einer Entzündung: Rötung, vermehrte Wärme, Umfangsvermehrung, Schmerzhaftigkeit und eingeschränkte Funktion sind am Augenlid zu erkennen. Das Augenlid ist häufig so geschwollen, dass das eigentliche Auge kaum mehr zu erkennen ist. Durch die Schmerzhaftigkeit und die eingeschränkte Funktion können vermehrtes Blinzeln und Tränenfluss sowie erhöhte Lichtempfindlichkeit beobachtet werden. Gerade beim hellhäutigen Schwein ist häufig mit Staub vermengtes und eingetrocknetes Sekret als deutliche Tränenspur sichtbar.

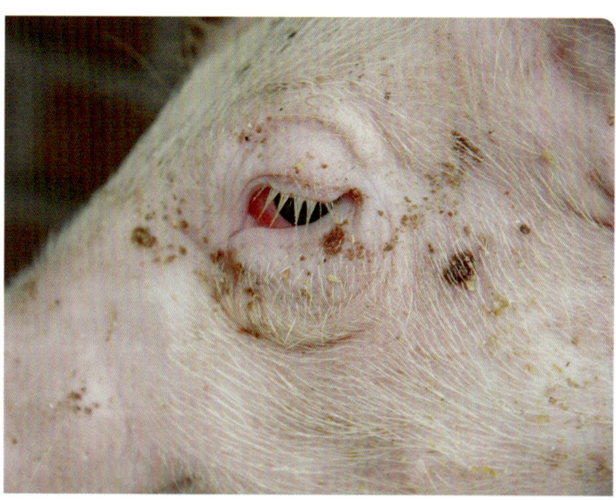

Abb. 3 Deutlich gerötete und geschwollene Bindehaut.

Ursachen

Bei einseitiger Konjunktivitis können eine mechanische Verletzung durch Fremdkörper, scharfkantige Gegenstände im Stallbereich oder durch Beißereien in Folge von Rangordnungskämpfen die Ursache sein. Wenn beide Augen betroffen sind, muss das Stallklima untersucht werden, denn sowohl vermehrte Zugluft als auch Staub oder erhöhte Schadgasgehalte im Aufenthaltsbereich der Tiere können zu einer Lidbindehautentzündung führen. Bakterien (z. B. Staphylokokken, Chlamydien) und Viren (z. B. PRRS-Virus) können Verursacher einer Konjunktivitis beim Schwein sein. Sekundär kann auch ein Verschluss des Tränen-Nasenganges, z. B. als Folge einer Nasendeformation bei der Schnüffelkrankheit des Schweines, zu einer Konjunktivitis führen.

Diagnose

Die Diagnose kann allein durch genaue Tierbeobachtung gestellt werden. Bei einem vermehrten Auftreten von Konjunktivitiden sollte die Ursache ermittelt werden, indem zuerst das Stallklima überprüft wird. Gegebenenfalls müssen weiterführende Untersuchungen auf bakterielle oder virale Infektionserreger durchgeführt werden.

Behandlung

Nur beim Hobbytier in Einzelhaltung ist eine lokale Behandlung mit entzündungshemmenden und antibakteriellen Medikamenten zu empfehlen.

Vorbeuge

Im Nutztierbestand muss der Schwerpunkt auf die vorbeugenden Maßnahmen gelegt werden. Optimierung von Klima (Senkung der Staub- und Schadgaskonzentration, Anpassung der Luftfeuchtigkeit, Vermeidung von Zugluft) und Haltung stehen an erster Stelle. Gegen spezifische Infektionserreger muss gezielt vorgegangen werden (siehe dort).

3 Ohren

3.1 Otitis media et interna

Symptome

Einseitige mehr oder weniger starke Kopfschiefhaltung ist das typische Anzeichen einer Mittel- und Innenohrentzündung, die vor allem bei Absetzferkeln auftritt, aber auch Schweine aller anderen Altersstufen betreffen kann. Meist erkranken eher Einzeltiere in einem Bestand. Oft ist die Körpertemperatur erhöht. Das Verhalten kann ungestört sein und in Einzeltierhaltung können sich die Tiere normal entwickeln. Häufig werden unmotivierte und zwanghafte Kreisbewegungen in Richtung des geneigten Kopfes durchgeführt. Bei fortschreitender Entzündung können auch die Hirnhäute betroffen sein, so dass Koordinationsstörungen bis zum Festliegen auftreten können. Das Anfangsstadium der Erkrankung mit lokaler Entzündung, vermehrter Schmerzhaftigkeit und Sekretbildung wird in der Regel nicht erkannt.

Ursachen

Es handelt sich um eine bakterielle Infektion, die zur Entzündung mit eitrigen Einschmelzungen im Mittel- und Innenohr führt. Die Erreger, z. B. Streptokokken, *Pasteurella multocida*, *Trueperella* (*Arcanobacterium*) *pyogenes*, gelangen aus dem Nasen-Rachen-Raum über die Eustachische Röhre, die normalerweise dem Druckausgleich dient, ins Mittelohr.

Tiere mit einer Beeinträchtigung des körpereigenen Abwehrsystems durch andere Erkrankungen haben ein erhöhtes Erkrankungsrisiko.

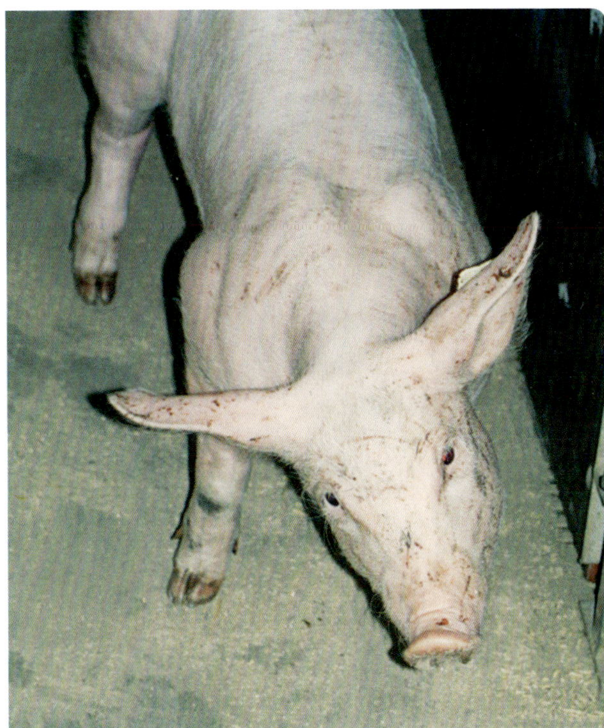

Abb. 4 Typische Kopfschiefhaltung bei Innenohrentzündungen.

Diagnose

Die Diagnose ist meist anhand der klinischen Symptome zu stellen. Im Zweifel sollten andere differentialdiagnostisch in Frage kommenden Erkrankungen des Zentralen Nervensystems ausgeschlossen werden.

Behandlung

Im frühen Stadium kann eventuell das Fortschreiten der Entzündung durch eine antibakterielle Behandlung gestoppt werden. Eine Wiederherstellung der zerstörten Ohranteile ist in der Regel nicht möglich, so dass die Kopfschiefhaltung dauerhaft bestehen bleibt.

Vorbeuge

Durch einen guten Bestandsgesundheitsstatus, die Stärkung des körpereigenen Abwehrsystems der Tiere und die Verminderung des Keimdrucks durch optimale Stallhygiene, kann dem gehäuften Auftreten der Erkrankung meist vorgebeugt werden.

3.2 Ohrräude (siehe Kap. 6.8 Räude)

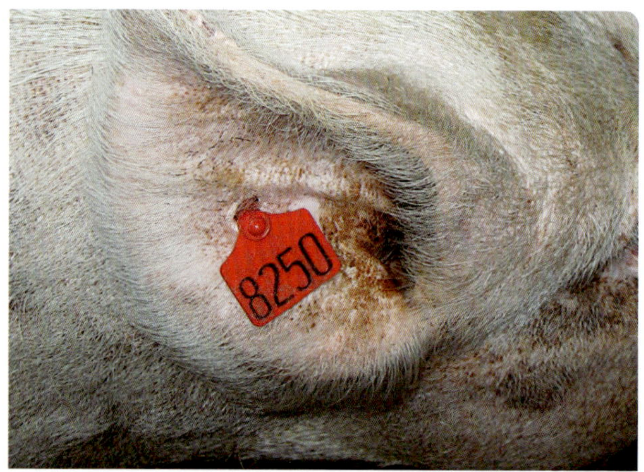

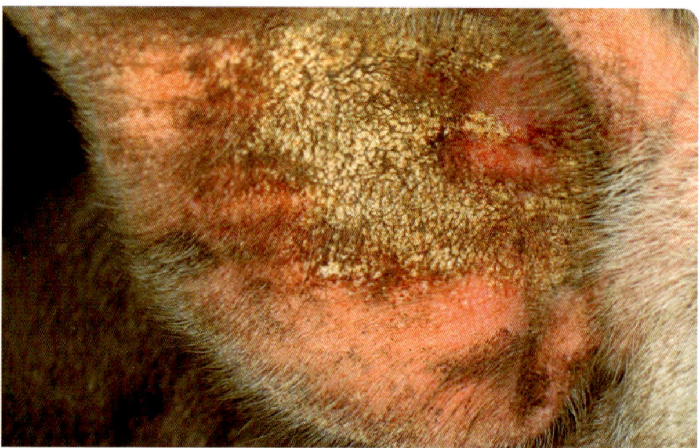

Abb. 5 Graue, asbestartige Beläge in der Ohrmuschel sind typisch für die Räude

3.3 Ohrrandnekrosen

Symptome

Im Anfangsstadium sind an den äußeren Ohrrändern oder auch an den Ohrspitzen frisch blutige, teilweise verschorfende ca. centstückgroße Hautverletzungen zu sehen. Diese Veränderungen können sich im weiteren Verlauf über den gesamten Ohrrand ausbreiten. Im Endstadium kann es zum Absterben des Ohrrandgewebes kommen, das sich dann schwarz und kalt, bzw. nekrotisch darstellt. Die Ohren können ein- oder beidseitig verändert sein, wobei das Allgemeinbefinden der Tiere ist in der Regel ungestört bleibt. Häufig sind mehrere Tiere einer Gruppe im Läuferalter betroffen, die durch die Veränderungen animiert werden, sich gegenseitig in die Ohrmuscheln zu beißen. Als Folge dieses Verhaltens kann es zum Verlust der Ohren kommen, da sie von den Buchtengenossen weggefressen wurden.

Ursachen

Während die Entstehung der Ohrrandnekrosen auf eine Minderdurchblutung der feinen Gefäße im Ohrrandgewebe zurückgeführt werden kann, ist die primäre Ursache dafür

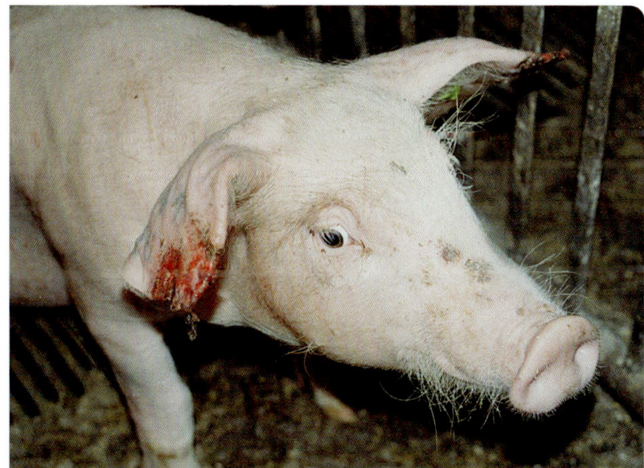

Abb. 6 Verletzungen und Nekrosen der Ohrränder.

noch nicht abschließend geklärt. Nach Infektion mit *Mycoplasma suis,* dem Erreger der Eperythrozoonose, kann es zur Agglutination roter Blutkörperchen kommen, welche die kleinen Blutgefäße verstopfen. Auch Pilzgifte, die im Mutterkorn enthalten sind, sowie andere Mykotoxine, sind vermutlich an der Entstehung des Krankheitsbildes beteiligt sein. Vermehrter Stress und Allgemeininfektionen mit Blutvergiftung werden ebenfalls als Ursache diskutiert. Das Absterben des Ohrrandgewebes als Folge der Minderdurchblutung geht mit Juckreiz einher, so dass die Manipulation der Ohren durch die Buchtengenossen als angenehm empfunden und toleriert wird. Auf diese Weise kommen die Wunden nicht zur Abheilung, weiteres Gewebe stirbt ab und eine Art Teufelskreis beginnt. Bakteriologische Untersuchungen der Ohrwunden ergeben nahezu immer Bakterienspezies, die auch überall in der Umgebung und auf der Körperoberfläche nachgewiesen werden können, wie Streptokokken, Staphylokokken u. a.. Nach ihrem Eindringen durch Hautwunden können sie mitunter zu schweren, generalisierten Haut- und Allgemeininfektionen führen.

Behandlung

Betroffenen Einzeltiere sind antibiotisch per Injektion zu behandeln, während eine Gruppenbehandlung über das Trinkwasser oder das Futter zu empfehlen ist, wenn eine größere Anzahl Tiere betroffen ist. Ziel ist es, eine Besiedlung der Wunden mit Keimen und eine Verbreitung im Organismus, zu verhindern.

Vorbeuge

Da Stress als einer der wichtigsten Faktoren bei der Krankheitsentstehung angesehen wird, jedoch schwer zu messen ist, sollten zumindest die gut messbaren, bekannten Risikofaktoren, die auch für das Auftreten von Kannibalismus eine Rolle spielen, abgestellt werden. Dazu gehört die Verringerung der Besatzdichte in betroffenen Abteilen und die Optimierung des Stallklimas. Als Auslöser für Ohrenbeißen werden häufig ein plötzliche Wetterwechsel oder auch Futterwechsel beschrieben (siehe Kannibalismus). Die Fütterungshygiene sollte ebenfalls überprüft werden. Unter Umständen ist eine Untersuchung des Futters auf Mykotoxine (siehe Mykotoxikose) zu empfehlen.

Verlauf und Ausgang

Nach Änderung der Haltungsbedingungen oder Umstallen in andere Ställe können die Beißereien von einem auf den anderen Tag aufhören und die Ohrwunden können abheilen. Die abgeheilten Ohren sehen oft wie abgeschnitten aus, jedoch können sich die betroffenen Tiere ganz normal entwickeln. Die Tiere, die infolge der Wundinfektion eine generalisierte Infektion durchgemacht haben, bleiben meist im Wachstum zurück und kümmern.

3.4 Blutohr

Symptome

Läuferschweine können plötzlich deutliche Umfangsvermehrung einer Ohrmuschel zeigen. Seltener sind auch beide Ohrmuscheln betroffen, wobei in der Regel nur einzelne Tiere einer Gruppe erkrankt sind. Blutohren treten bevorzugt bei Schweinerassen mit Hängeohren und in betroffenen Betrieben häufig periodisch auf. Bei älteren Schweinen werden die Veränderungen selten beobachtet.

Ursachen

Es handelt sich hier um einen Bluterguss. Durch die Ruptur eines Blutgefäßes kommt es zu Blutungen in das Ohr hinein, wodurch die Ohrmuschel ballonartig aufgetrieben wird. Durch das vermehrte Gewicht des Ohres wird häufig eine geringgradige Kopfschiefhaltung sichtbar. In manchen Fällen entzündet sich das betroffene Ohr, jedoch ist das Gleichgewichtsorgan nicht betroffen (siehe Otitis), solange die Entzündung nicht auf das Innenohr fortschreitet. Risse der Blutgefäße können durch mechanische Verletzungen, z. B. Rangeleien an den Futterautomaten oder unsachgemäßes Einziehen der Ohrmarken, verursacht werden. Rangordnungskämpfe nach dem Umstallen oder erhöhte

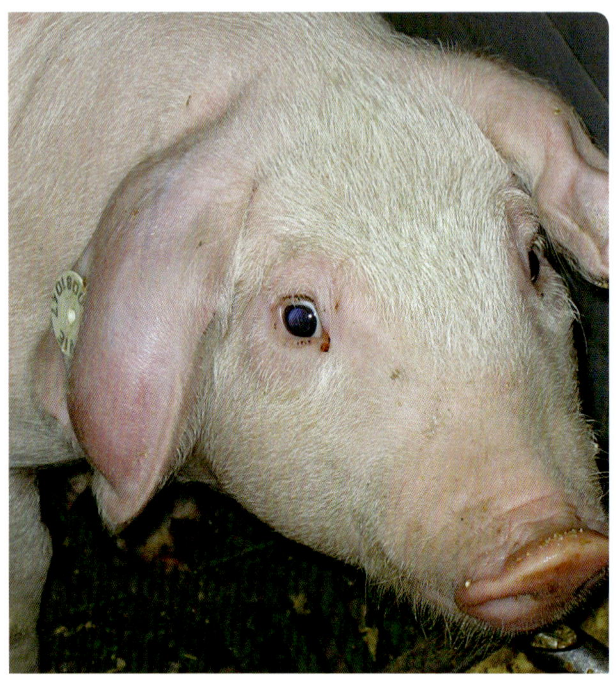

Abb. 7 Verdickte Ohrmuschel durch einen Bluterguss.

Aggressivität (siehe Kannibalismus) können prädisponierende Ursachen sein. Häufig wird ein wellenartiges Auftreten in den Beständen beobachtet. Genetische Einflüsse, Mykotoxinbelastungen im Futter und Blutgerinnungsstörungen werden als mögliche Ursachen diskutiert.

Behandlung

Eine direkte Behandlung ist nicht zu empfehlen. Ein Aufschneiden des ballonartig aufgetriebenen Ohres kann die Blutung nicht verhindern, so dass weiteres Gewebe zerstört wird und schwerwiegende Infektionen und Entzündungen die Folge sein können. Wenn die Ohrmarke falsch eingesetzt wurde, sollte diese entfernt werden. Zusätzliche Vitamingaben (Vitamin C, Vitamin K) können die Blutgerinnungseigenschaften fördern. Eiseninjektionen beugen einer Eisenmangelanämie als Folge eines Blutverlustes vor.

Vorbeuge

Es sollte auf scharfe Ecken und Kanten in den Ställen, an Tränken und Futterautomaten geachtet werden. Ein Überbelegen ist zu vermeiden. Zur Minimierung der Rangordnungskämpfe beim Umstallen können zur Geruchsneutralisation spezielle Hautdesinfektionsmittel auf die Tiere aufgebracht werden. Es gilt, jeglichen Formen des Kannibalismus durch entsprechende Maßnahmen (s. Schwanzbeißen) vorzubeugen und Faktoren auszuschalten, die zu Juckreiz und Kopfschlagen führen (z. B. Ektoparasiten, Staubexposition).

Verlauf und Ausgang

Wenn keine zusätzliche Wundinfektion entsteht, wird der Bluterguss nach 2–3 Wochen resorbiert und das betroffene Ohr verkrüppelt. In der Regel entwickeln sich die erkrankten Tiere dann wieder ohne weitere Leistungsdepressionen.

4 Nase

4.1 Rhinitis

Symptome

Die Rhinitis ist eine Entzündung der Nasenschleimhaut. Soweit sichtbar, ist eine Rötung der Schleimhaut an den Nasenlöchern zu erkennen. Sie ist durch Niesen oder Schniefen, das häufig mit klarem Nasenausfluss einhergeht, begleitet. Im weiteren Verlauf kann dieser milchig-trüb bis eitrig werden. Das Allgemeinbefinden der Tiere ist in der Regel nicht gestört. Die Körpertemperaturen können erhöht sein. Der Tränen-Nasen-Kanal kann zuschwellen, so dass typische Sekretspuren von Tränenflüssigkeit und Staub unterhalb der Augen sichtbar werden.

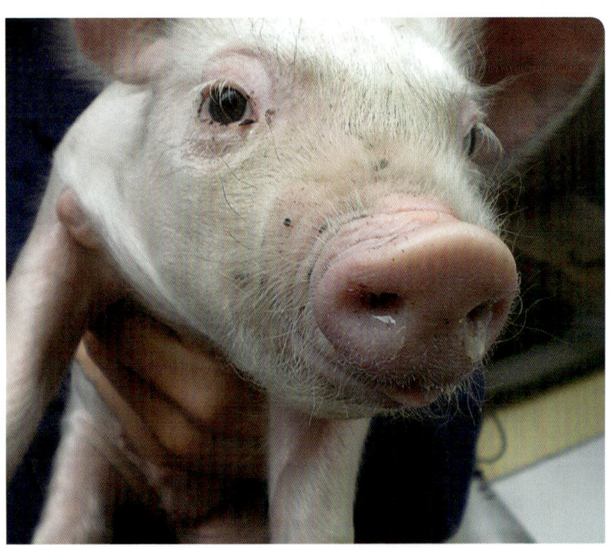

Abb. 8 Nasenausfluss und gerötete Schleimhäute als Anzeichen für eine Rhinitis.

Ursachen

Zahlreiche bakterielle und virale Erreger können die Nasenschleimhaut infizieren und zu Entzündungen führen. Die spezifische Einschluss-Körperchen-Rhinitis entsteht durch eine Infektion mit dem porzinen Zytomegalovirus. Nach Infektion mit Erregern, die auch bei der Entstehung von Lungenentzündungenen beteiligt sind, wie z. B. *Mycoplasma hyorhinis, Bordetella bronchiseptica* und *Haemophilus parasuis*, ist die Nasenschleimhaut häufig mit betroffen. Ebenso können schlechte Stalllufteigenschaften, wie erhöhter Schadgasgehalt, erhöhter Staubanteil oder zu trockene Luft die Nasenschleimhaut reizen.

Diagnose

Durch Nasentupferentnahmen können spezifische Infektionserreger auf der Nasenschleimhaut nachgewiesen werden, aber da die Nase ein wichtiges Filterorgan der Atemluft ist, werden ubiquitäre Erreger auch häufig bei gesunden Tieren gefunden.

Behandlung

Eine direkte Behandlung ist nicht zwingend notwendig. Unter Umständen ist eine antibiotische Allgemeinbehandlung angezeigt, um Sekundärinfektionen oder das Auftreten von schwerwiegender Lungenerkrankung zu verhindern. Wenn die Rhinitis ein Symptom einer spezifischen Erkrankung ist, sollte dementsprechend gehandelt werden.

Vorbeuge

Falls in den betroffenen Betrieben eine Rhinitis deutlich ist und keine spezifischen Erkrankungen nachgewiesen werden, muss das Stallklima überprüft und verbessert werden.

Verlauf und Ausgang

Wenn Sekundärinfektionen und andere Erkrankungen vermieden werden, heilt die einfache Rhinitis ohne weitere negative Beeinflussung der Tiere von alleine aus.

4.2 Progressive Rhinitis atrophicans

Symptome

Das klinische Bild der progressiven Rhinitis atrophicans oder auch Schnüffelkrankheit entspricht im Anfangsstadium dem Bild einer Rhinitis mit vermehrtem Nasenausfluss, Niesen oder Schniefen. Es handelt sich um eine bakterielle Infektion mit toxinbildenden Pasteurellen. Erst mehrere Wochen und Monate nach einer Infektion werden die typischen Symptome deutlich: Auf dem Nasenrücken können Aufwölbungen oder Hautfaltenbildung sichtbar werden. Der Oberkiefer kann verkürzt sein. Einige Tiere zeigen verkrümmte Nasen oder Nasenbluten. Durch Verschluss des Tränen-Nasen-Kanals sind häufig deutliche schwarze Sekretspuren unterhalb der Augen sichtbar. Alle Symptome können mehr oder weniger deutlich ausgeprägt sein. Wenn ausgewachsene Schweine infiziert werden, sind kaum Symptome zu erkennen. Tiere mit hochgradigen Nasenveränderungen bleiben häufig im Wachstum zurück, da sie durch die eingeschränkte Filterfunktion der Nase anfälliger sind für Lungenentzündungen. Bei starkem Nasenbluten können die betroffenen Schweine eine sichtbare Anämie aufweisen.

Ursachen

Die progressive Rhinitis atrophicans entsteht nur unter der Mitwirkung toxinbildender *Pasteurella multocida* Typ D Stämme. Hierbei handelt es sich um eine aerogene Infektionskrankheit. In geschlossene, erregerfreie Bestände wird der Erreger mit einer hohen Wahrscheinlichkeit über Tierzukäufe eingeschleppt. Innerhalb des Bestandes und in schweinedichten Regionen wird der Erreger aber auch über die Luft übertragen.

In der Nase wird die Knochenbildung gestört, so dass bei wachsenden Schweinen die typischen Rückbildungen der Knochensubstanz in der Nase mit Verkürzungen und Verkrümmungen entstehen. Dem Bakterium *Bordetella bronchiseptica* wird eine Schrittmacherrolle als Wegbereiter für die toxinbildenden Pasteurellen zugesprochen.

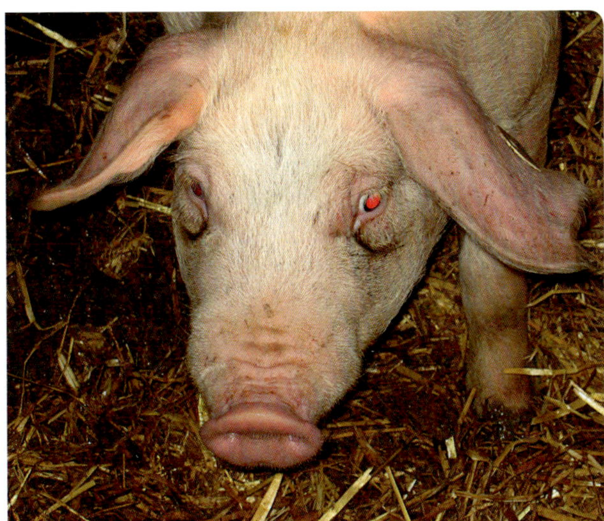

Abb. 9 Ein verkrümmter Oberkiefer und Sekretspuren aus den Augenwinkeln sind typisch für die progressive Rhinitis atrophicans.

Bei der Rhinitis atrohpicans handelt es sich um eine Faktorenkrankheit. Dies bedeutet, dass toxinbildende *Pasteurella-multocida*-Stämme in einem Bestand vorhanden sein können, ohne dass es zum sichtbaren klinischen Ausbruch der Erkrankung kommt. Erst wenn zusätzliche belastende Faktoren einwirken, wie z. B. Schadgase, hoher Staubgehalt in der Luft oder andere Infektionskrankheiten, kann die Erkrankung mit den typischen Anzeichen sichtbar werden.

Diagnose

Neben den beschriebenen Symptomen, ist der Nachweis von toxinbildenden *Pasteurella- multocida*-Stämmen in Nasentupfern beweisend. Bei nicht sichtbar erkrankten Schweinen sollte nach der Schlachtung oder Sektion die Knochensubstanz an einem Nasenquerschnitt in Höhe des ersten Backenzahnes (erster Prämolare) beurteilt werden. Die Überwachung oder Beurteilung von Schweinebeständen bezüglich des Freiseins von *Pasteurella-multocida*-induzierter Rhinitis atrophicans lässt sich derzeit nur durch die Kombination klinischer, pathologisch-anatomischer, bakteriologischer und ggf. serologischer Untersuchungsverfahren mit ausreichender Sicherheit gewährleisten.

Eine absolute Sicherheit der Abwesenheit toxinbildender *Pasteurella-multocida*-Stämme und damit der Ausschluss der Infektionsübertragung kann allein durch die negativen Ergebnisse derzeit verfügbarer Laboruntersuchungsverfahren nicht garantiert werden.

Dies bedeutet auch, dass eine einmalige negative bakteriologische Untersuchung zum Nachweis von toxinbildenden *Pasteurella-multocida*-Stämmen von Einzeltieren keine sichere Aussage über den Trägerstatus dieser Tiere zulässt.

Behandlung

Bei einem akuten Ausbruch sind betroffene Tiere antibiotisch zu behandeln, um Sekundärinfektionen zu bekämpfen und die Ausbreitung der Pasteurellen einzuschränken. Veränderungen der Knochensubstanz sind nicht mehr reversibel.

Vorbeuge

Die Behandlung muss bei wirkungsvollen Vorbeugemaßnahmen beginnen. Stallklima und Luftführung müssen verbessert werden. Zur Staubminimierung ist die einstreulose Haltung, der Einsatz von pelletiertem oder gekrümelten Futter oder der Zusatz von 1 % Sojaöl zu besonders staubigem, mehlförmigen Futter zu empfehlen. In erregerpositiven Beständen kann durch eine metaphylaktische antibiotische Behandlung der Saug- und Absetzferkel der Ausbruch verhindert werden. Bewährt hat sich die Impfung der Sauen mit kommerziellen Impfstoffen. Nach der Grundimmunisierung sollte die Impfung 3 Wochen vor der Geburt wiederholt werden, so dass die Saugferkel über die Biestmilch geschützt sind. In stark durchseuchten Beständen können auch die Ferkel zusätzlich geimpft werden. Ferkelerzeugerbeständen ist zu empfehlen, nur Zuchttiere aus nachweislich erregerfreien Beständen zuzukaufen.

Verlauf und Ausgang

Schweine mit sichtbaren Nasenveränderungen sind nicht mehr heilbar. Oft sind sie auch anfällig für weitere Infektionen und bleiben im Wachstum zurück. Sie sollten baldmöglichst einer Verwertung zugeführt werden. Durch die Kombination von antibiotischer Behandlung und Vakzination der jungen Ferkel kann zwar eine Infektion nicht verhindert, aber die klinische Symptomatik deutlich verbessert oder sogar verhindert werden.

4.3 MKS und Bläschenkrankheit (siehe Kap. 8.1)

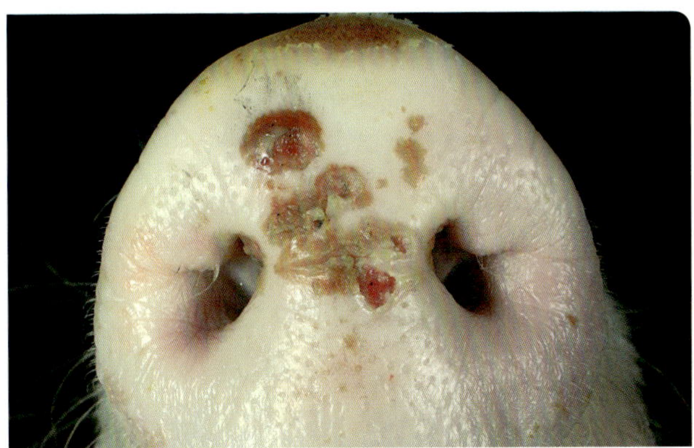

Abb. 10 Bläschen an der Rüsselscheibe.

5 Stamm

5.1 Nabelbruch

Symptome

Eine Umfangsvermehrung im Bereich des Nabels kann auf einen Nabelbruch hindeuten. Beim Abtasten ist die Bruchpforte als eine Öffnung der Bauchwand im Nabelbereich unter der Haut fühlbar, wenn es noch nicht zu Verwachsungen gekommen ist. Dann kann der Bruchinhalt meist in die Bauchhöhle zurückverlagert werden Der innere Bruchsack besteht aus dem vorgefallenen Bauchfell, in dem häufig Eingeweide (Darm oder Gekröse) zu fühlen sind. In vielen Fällen ist die Umfangsvermehrung kaum zu erkennen, kann aber in manchen Fällen bis zu medizinballgroß werden. Die betroffenen Schweine überleben gerade mit kleineren Nabelbrüchen ohne eine wesentliche Gesundheitsbeeinträchtigung. In einer Gruppe können sie allerdings benachteiligt sein, z.B. weil sie unbeweglicher sind oder es zu Hautverletzungen kommt. Insbesondere bei Nabelbrüchen, bei denen es schon zu Verwachsungen gekommen ist, können Darmperistaltik und als Folge auch Verdauungsprozesse beeinträchtigt sein, so dass die Tiere im Wachstum zurückbleiben. Akute Lebensgefahr besteht, wenn Darmanteile in der Bruchpforte eingeklemmt und abgeschnürt werden. Solch eine Inkarzeration ist höchst schmerzhaft und hat den Austritt von Toxinen aus dem Darm ins Blut zur Folge, so dass die betroffenen Tiere innerhalb weniger Stunden verenden.

Ursachen

Durch einen unvollständigen Verschluss der Bauchhöhle im Nabelbereich gelangen Eingeweide über eine Ausstülpung des Bauchfells nach außen. Nabelbrüche gelten als genetisch bedingte, angeborene Missbildung, die bei etwa 0,5 %

Abb. 11 Eine Umfangsvermehrung im Nabelbereich kann auf einen Bruch hinweisen.

aller Schweine beobachtet werden kann. Häufig wird sie erst mit Fortschreiten des Wachstums bei Absetzferkeln deutlich sichtbar. Bei einem gehäuften Auftreten von Nabelentzündungen der Saugferkel (siehe dort), kann das Gewebe im Bereich des Nabels geschwächt sein, so dass als Folge der Entzündung im weiteren Verlauf vermehrt Nabelbrüche beobachtet werden können. Mitunter sind Nabelbrüche und -abszesse vergesellschaftet. Es wird diskutiert, dass das vermehrte Nabelsaugen durch Buchtengenossen insbesondere nach Frühabsetzen, nicht angepasster Fütterung oder in einer reizarmen Umgebung, das Auftreten von Nabelbrüchen fördern kann.

Diagnose
Durch sorgfältige Palpation kann die Diagnose eindeutig gestellt und ein Nabelbruch von einem Nabelabszess abgegrenzt werden.

Behandlung
Bei kleinen Bruchpforten kann die Erkrankung im Laufe des Wachstums von selber ausheilen, wobei das Risiko einer Inkarzeration erhöht ist. Der chirurgische Verschluss der Bruchpforte ist bei kleinen bis mittleren Öffnungen möglich, jedoch ist aus wirtschaftlichen Gründen häufig eher die frühe Verwertung der betroffenen Schweine zu empfehlen.

Vorbeuge
Wenn vermehrt Ferkel bestimmter Sauen- oder Eberlinien betroffen sind, sollten diese von der Zucht ausgeschlossen werden. Insgesamt erscheint die züchterische Bearbeitung schwierig, da viele Einflussfaktoren das Auftreten von Nabelbrüchen fördern können. Vorbeugemaßnahmen zur Verhinderung von Nabelentzündungen sollten getroffen werden. Abgesetzte Ferkel müssen angepasst gefüttert werden (kleine Portionen mehrmals täglich) und ausreichend Beschäftigungsmaterial sollte ihnen zur Verfügung gestellt werden. Saugferkel dürfen nicht vor dem 21. Tag abgesetzt werden.

Verlauf und Ausgang
Solange keine Darmteile eingeklemmt werden, können betroffene Tiere lange überleben, auch wenn sie innerhalb einer Gruppe häufig im Wachstum zurückbleiben. Aus diesem Grunde kann eine frühzeitige Verwertung oder auch eine Operation zu empfehlen sein.

5.2 Nabelentzündung

Symptome
Nach der Geburt trocknet die Nabelschnur innerhalb der ersten 24 Stunden ein und fällt normalerweise zeitnah von

selber ab. Ein verzögertes Eintrocknen der Nabelschnur kann schon ein erster Hinweis auf eine beginnende Nabelentzündung sein. Symptome einer Entzündung sind ein gut bleistiftstark verdickter Nabel, der gerötet und vermehrt warm sein kann. Die Körpertemperatur der Ferkel ist dann meist erhöht. Im weiteren Verlauf können sich aufgrund der Keimstreuung im Körper Allgemeininfektionen mit schwerwiegenden Gelenksentzündungen anschließen. Als Folge zeigen die Ferkel vermehrte Schwäche, so dass sie weniger saugen, in der Entwicklung zurückbleiben und verenden. Ferkel, welche die Erkrankung überstehen, können im weiteren Verlauf chronische Gelenksentzündungen, Hirnhautentzündungen, Nabelbrüche oder Abszesse im Bereich des Nabels entwickeln.

Ursachen

Bakterielle Infektionserreger, wie Streptokokken, Staphylokokken oder Eitererreger, steigen über die Nabelschnur zum Nabel auf und führen dort zu entzündlichen Veränderungen. Die Erreger können sich leicht über die Nabelgefäße im Tier weiter ausbreiten, so dass es zur Allgemeininfektion und häufig zur Ansiedlung der Erreger in inneren Organen kommt. Durch einen erhöhten Keimdruck im

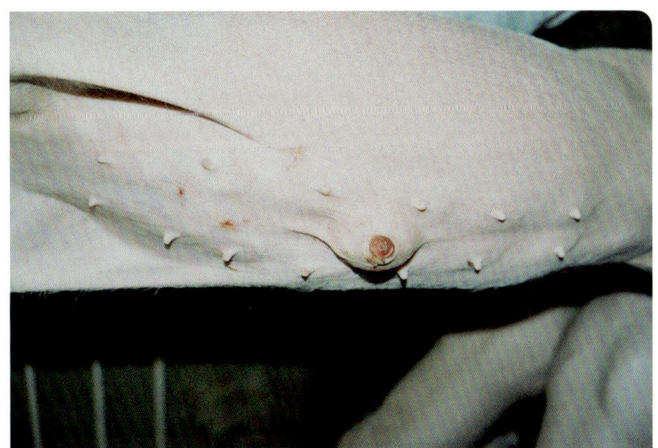

Abb. 12 Die Entzündung verursacht eine derbe und gerötete Schwellung des Nabels.

Abferkelstall oder eine Abwehrschwäche der Saugferkel, z. B. durch ungenügende Versorgung mit Biestmilch, kann das Auftreten der Erkrankung gefördert werden.

Diagnose

Durch sorgfältiges Abtasten ist die Erkrankung meist eindeutig zu diagnostizieren.

Behandlung

Die Ausbreitung der Infektion im Körper kann in vielen Fällen durch eine antibiotische Behandlung gestoppt werden.

Vorbeuge

Größere Wirkung haben Maßnahmen um den Geburtszeitraum, die insgesamt zu einer verbesserten Hygiene und einer erhöhten Vitalität der Ferkel führen. So sollten die Geburten regelmäßig überwacht werden, insbesondere wenn diese häufig verlängert sind. Die Ferkel sollten getrocknet und an die Gesäugeleiste angesetzt werden. Die Nabelschnur sollte eingekürzt und der Nabel selbst kann außerdem desinfiziert werden. In stark betroffenen Beständen hat sich eine antibiotische Metaphylaxe mit einem Langzeitpräparat am 2. Lebenstag bewährt. Um den Keimdruck immer wieder zu reduzieren sollten Abferkelställe generell konsequent im Rein-Raus-Verfahren mit entsprechender Reinigung und Desinfektion belegt werden. Nach der Abferkelung muss der Stallboden trocken gehalten und auf saubere Einstreu geachtet werden. Bei teilperforierten Böden können Gesteinsmehle oder Sägespäne zum Einsatz kommen, die Feuchtigkeit binden.

Verlauf und Ausgang

Aufsteigende Nabelentzündungen können zu schweren Allgemeininfektionen führen, so dass die Schweine verenden oder im Wachstum zurückbleiben können. Frühzeitige Vorbeugemaßnahmen können das Erkrankungsrisiko verringern.

5.3 PMWS/PNDS, Circovirusinfektion

Symptome

Die Infektion mit dem *Porzinen Circovirus Typ II* (PCV2) kann unterschiedlichste klinische Symptome verursachen. Seit Anfang der neunziger Jahre ist das Post weaning Multisystemic and Wasting Syndrom (PMWS) in den Schweinebeständen weit verbreitet. Nach dem Absetzen ist die Sterblichkeit der Schweine erhöht und vermehrt Kümmerer werden beobachtet. Die Symptome dieser Erkrankung sind mannigfaltig. Bei den Saugferkeln kann eine Rhinitis und vermehrtes Schniefen festgestellt werden. Andere Würfe sind vollkommen gesund. Bis zu 20 % der abgesetzten Ferkel, in Einzelfällen sogar noch mehr, können im Wachstum zurückbleiben. Innerhalb weniger Tage ist die Wirbelsäule deutlich zu sehen, die Ferkel sind stark abgemagert und werden blass. In Einzelfällen ist eine Gelbsucht zu beobachten. Die Körpertemperatur ist bisweilen erhöht. Eine deut-

Abb. 13 PMWS äußert sich durch hochgradiges Kümmern.

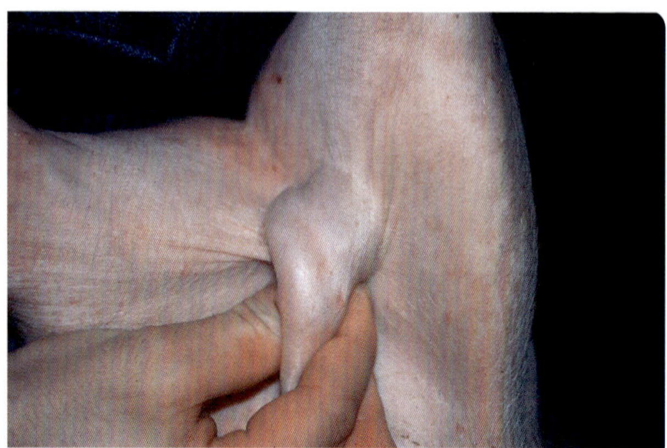

Abb. 14 Vergrößerte Leistenlymphknoten.

liche Umfangsvermehrung der Leistenlymphknoten kann zu fühlen sein.

Die Infektion kann zu unterschiedlichen Organmanifestationen führen. Während in einigen Betrieben Atemwegserkrankungen, die durch andere Erreger mitverursacht werden, im Vordergrund stehen, kann es in anderen Betrieben zu Durchfallerkrankungen kommen. Eine besonders schwerwiegende Darmerkrankung, die im Zusammenhang mit PCV2 beobachtet wird, ist die granulomatöse Enteritis, bei der die Darmwand hochgradig verdickt und in ihrer Funktion geschädigt ist.

Bei Sauen wird PCV2 auch mit Fruchtbarkeitsstörungen, dem vermehrten Auftreten von Mumien und Totgeburten in Verbindung gebracht.

Hautveränderungen stehen beim Porzinen Nephropathie und Dermatitis Syndrom (PNDS) im Vordergrund, bei dem nur wenige Tiere einer Gruppe betroffen sind. Überwiegend im Bereich der Hintergliedmaßen sind lokal begrenzte Hautnekrosen, die rot-bläulich bis schwarz verfärbt sind, zu erkennen. Die unteren Gliedmaßenbereiche können angeschwollen sein. Auch andere beanspruchte Hautbereiche, wie die Schultergliedmaßen oder die Ohren können betroffen sein. Diese Form der Erkrankung verläuft akut. Die veränderten Hautbereiche konfluieren, so dass schließlich die gesamte Hautoberfläche entsprechende Veränderungen aufweisen kann. In erster Linie sind ältere Aufzuchtferkel oder Mastschweine erkrankt, die in der Regel innerhalb weniger Tage verenden. Eine weitere Ausprägungsform der Erkrankung sind schwerwiegende, nicht therapierbare Lungenentzündungen, die als Porzine nekrotisierende Pneumonien (PNP) bezeichnet werden. Hierbei sind in der Regel Koinfektionen mit anderen Viren wie z. B. Influenzaviren oder PRRS-Virus und bakterielle Sekundärinfektionen beteiligt.

Ursachen

Bei erkrankten Tieren wird häufig das *Porzine Circovirus Typ II* nachgewiesen. Schweine können sich bereits intrauterin oder als Saugferkel infizieren, wobei nicht alle infizierten Tiere sichtbar erkranken, sondern die Infektion häufig symptomlos verläuft. Das körpereigene Abwehrsystem

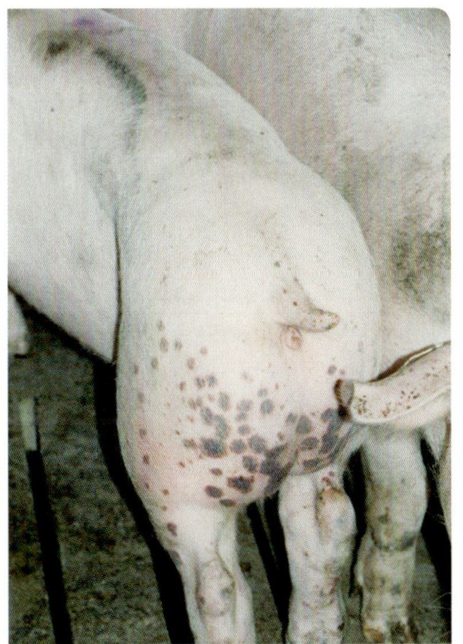

Abb. 15a (links) Hautnekrosen bei PNDS.

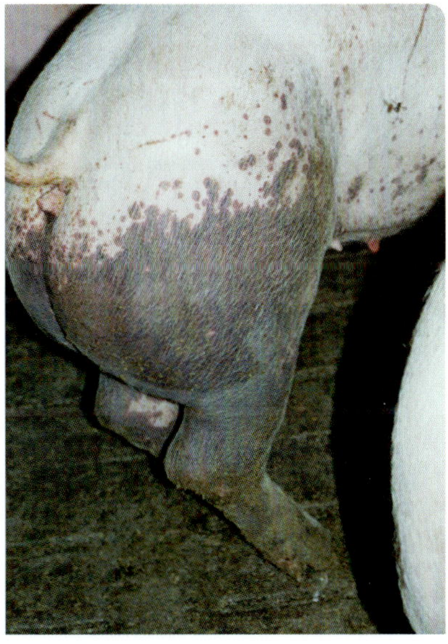

Abb. 15b (rechts) Konfluierende Hautnekrosen.

wird durch den Erreger geschädigt, so dass die Tiere anfälliger sind für andere Infektionskrankheiten. So treten häufig parallel Hautinfektionen, Durchfall oder Atemwegserkrankungen auf. In Zuchtsauenbeständen können sogar Erkrankungen, gegen die lange erfolgreich geimpft wurde, wie z. B. die Parvovirose oder die Rhinitis atrophicans wieder klinisch sichtbar werden.

Bei PNDS werden durch Antigen-Antikörperkomplexe die kleinen Blutgefäße verstopft, so dass die Haut nicht mehr ausreichend mit Blut versorgt wird und das Gewebe als Folge abstirbt. Zu ähnlichen Veränderungen kommt es an den Nieren. Nicht immer wird hierbei das Virus nachgewiesen, es wird diskutiert, dass auch andere Erreger die Symptome auslösen können.

Diagnose

Das klinische Erscheinungsbild gibt die ersten Hinweise auf die Diagnose. Vergrößerte Lymphknoten gelten beim PMWS als recht typisch. In betroffenen Betrieben sollten aber auf jeden Fall Sektionen durchgeführt werden, um die Diagnose zu erhärten. In feingeweblichen Untersuchungen der Nieren, Lungen und Lymphknoten lassen sich typische Veränderungen (Riesenzellen) nachweisen. Ein direkter Virusnachweis in den Organen und bei akuten Infektionen ist auch im Blut ist möglich. Serologische Untersuchungen erscheinen nicht sehr sinnvoll, da über 90 % der Betriebe positiv sind. Die Diagnose des PMWS gilt als sicher, wenn eine Kombination aus typischen klinischen Symptomen, den typischen feingeweblichen Veränderungen und dem Nachweis des Erregers in den Veränderungen vorliegt.

Behandlung

Eine direkte Behandlung ist nicht möglich. Da das körpereigene Abwehrsystem geschwächt ist, stehen die Optimierung von Haltung, Fütterung und Umweltbedingungen im Vordergrund. Durch Zulagen von essentiellen Aminosäuren und Vitaminen kann das körpereigene Abwehrsystem gestärkt werden. Nachgewiesene bakterielle Sekundärinfektionen müssen antibiotisch behandelt werden.

Vorbeuge

Zur Vorbeuge hat sich der 20 Punkteplan von Madec und Wadilove bewährt, der in erster Linie auf eine Minderung des Infektionsdruckes abzielt.

Im Abferkelstall:

- Rein/Raus mit Reinigung und Desinfektion
- Sauendusche und Parasitenbehandlung
- reduziertes Ferkelversetzen nur am ersten Lebendtag

Im Aufzuchtstall:

- kleine Gruppen, feste Abtrennungen zwischen den Gruppen
- weiterhin strenges Rein/Raus
- Belegdichte reduzieren (3 Ferkel/m^2)
- ausreichend Fressplatzbreite (>7 cm)
- gute Luftqualität
- Temperaturkontrolle mit geringen Temperaturschwankungen innerhalb von 24 Stunden (< 3 °C)
- kein Mischen von Gruppen

Im Maststall:

- kleine Gruppe, feste Abtrennungen zwischen den Gruppen
- Rein/Raus mit Reinigung u. Desinfektion
- kein Zurücksetzen von Tieren, die im Wachstum verzögert sind
- kein Ferkelversetzen innerhalb des Abteils
- Belegdichte reduzieren > 0,75 m^2/Schwein
- Klimaoptimierung
- ggf. Impfprogramme zur Vorbeuge von Sekundärinfektionen
- Tier- und Luftbewegungen optimieren
- konsequente Hygiene
- rechtzeitige Selektion von erkrankten Tieren

Routinemäßig wird die Impfung gegen PCV2 beim Absetzen mit gutem Erfolg eingesetzt. Auch eine Muttertierimpfung ist möglich. Durch die Biestmilchaufnahme werden die Saugferkel passiv mit Antikörpern versorgt und können vor einem Ausbruch der Erkrankung geschützt werden.

Verlauf und Ausgang

Nach dem Auftreten der Circoviruserkrankungen in den 90er Jahren war ein deutlicher Anstieg der durchschnittlichen Verlustraten in der Ferkelaufzucht und Mast zu beobachten. In manchen Betrieben betrugen die Verluste über 20 Prozent. Nahezu alle Betriebe wurden viruspositv und es kam nicht zwangsläufig zum Ausbruch der Erkrankung. Grundsätzlich sollten erkrankte Tiere frühzeitig ausselektiert werden, da sie die Infektion selten überleben und die Wirtschaftlichkeit in Frage stellen. Einen Durchbruch brachte die Einführung von Impfstoffen gegen PCV2. Seitdem sind klinische Erkrankungen kaum mehr zu sehen.

5.4 Rückenmuskelnekrose oder Bananenkrankheit / Belastungsmyopathie /Maligne Hyperthermie Syndrom

Die akute Belastungsmyopathie war noch in den 80er Jahren eine häufige Erkrankung bei gut bemuskelten Schweinen. Tiere der Rasse Pietrain oder mit einem hohen Pietrainanteil waren besonders betroffen.

Symptome

Bei plötzlichen Stressbelastungen, wie z. B. durch Rangordnungskämpfe, Stallklimastörungen oder Transport, aber auch durch Deckakt oder Geburt, treten plötzliche Todesfälle auf. Betroffene Schweine werden kurzatmig und zyanotisch und haben eine sehr hohe Herzfrequenz. Die Körpertemperatur ist erhöht und die Haut kann eine unregelmäßige Rötung oder Blässe aufweisen. Häufig können Maulatmung und hundesitzartige Haltung beobachtet werden, bevor die Tiere innerhalb weniger Minuten verenden. Eine Totenstarre tritt ungewöhnlich schnell ein.

Weniger akut erkrankte Tiere können einen aufgekrümmten oder seitwärts gebogenen Rücken zeigen. Sie stehen „krumm wie eine Banane“, daher auch der Name „Bananenkrankheit“. Die Rückenmuskulatur kann eine derbe und heiße Schwellung aufweisen und schmerzhaft

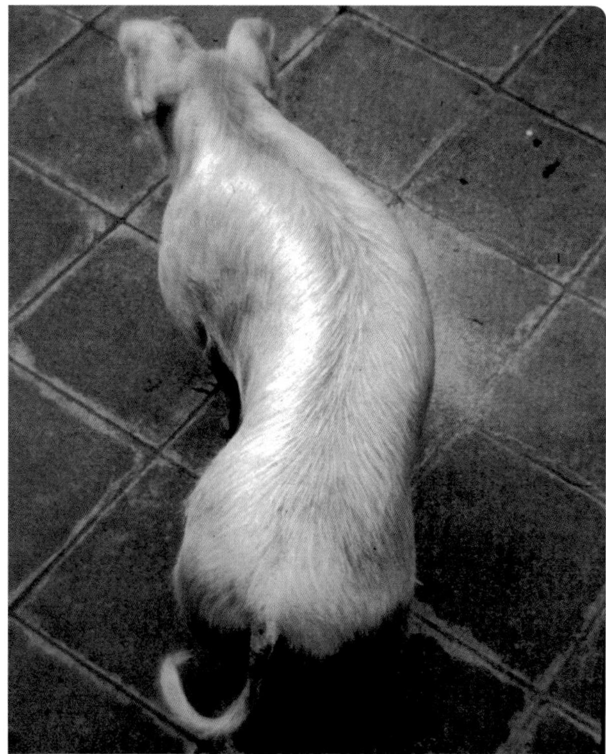

Abb. 16 Bananenartige Verkrümmung durch die Rückenmuskelnekrose.

sein. In diesem Bereich geht die Sensibilität verloren und mehr oder weniger ausgeprägte Bewegungsstörungen, sowie Muskelzittern können sichtbar sein. Beim Aufstehen zeigen die betroffenen Schweine einen klammen, schmerzhaften Gang.

Ursachen

Ursache für die Belastungsmyopathie ist eine genetische Prädisposition, bei der eine rezessive Mutation im so genannten „MHS-Gen" eine Veränderung der Kalziumkanäle in der Sklettmuskulatur bedingt. Belastungen führen bei reinerbigen Tieren zu erhöhten Kalziumfreisetzungen in den Muskelzellen, so dass verstärkt Muskelkontraktionen ausgelöst werden, die zu einer respiratorischen und metabolischen Azidose führen. Eine Herz- und Kreislaufinsuffizienz kann schneller auftreten, so dass die Stressempfindlichkeit der Schweine insgesamt erhöht ist. Häufig verenden die Tiere perakut. Überschreitet die Überlebenszeit zwei Stunden, werden stark bemuskelte Körperpartien nicht mehr ausreichend mit Sauerstoff versorgt. Das Muskelgewebe wird zerstört und geht unter. Nekrosen entstehen häufig ein- oder beidseitig im Rückenmuskel. Eine latente Belastungsmyopathie kann nach der Schlachtung, als so genanntes PSE-Fleisch (Pale, Soft, Exsudative) erkannt werden. Das Fleisch ist dann blass, weich und wässrig und entspricht nicht den Qualitätsansprüchen.

Diagnose

Das klinische Bild in Verbindung mit der Rassedisposition ist recht eindeutig. Zur weiteren Absicherung können Muskelenzyme im Blutplasma bestimmt werden. Anhand von Blut- oder Gewebeproben kann der MHS-Gen-Test durchgeführt werden. Reinerbige empfindliche Tiere werden als PP, gemischterbige Anlageträger als PN und reinerbig gesunde Tiere als NN bezeichnet.

Behandlung

Betroffene Schweine brauchen unbedingt Ruhe, da jede weitere Manipulation den Krankheitsverlauf verschlimmern kann. Man kann versuchen, die Tiere mit dem Wasserschlauch zu kühlen. Bei der Rückenmuskelnekrose sind entzündungshemmende und schmerzlindernde Medikamente angezeigt.

Vorbeuge

Neben dem schonenden und möglichst stressfreien Umgang mit den Tieren ist die züchterische Selektion die wichtigste Vorbeugemaßnahme. Inzwischen tritt die Erkrankung nur noch selten auf, da in allen fleischreichen, betroffenen Zuchtlinien entsprechend selektiert wurde.

Verlauf und Ausgang

Wenn betroffene Tiere nicht akut verenden, besteht die Möglichkeit, dass die Muskulatur wieder ausheilt. Der betroffene Muskel kann aber atrophisch werden und von Narbengewebe durchsetzt sein. Bei Belastung sind Rezidive jederzeit möglich. Auf Grund der züchterischen Selektion ist die Erkrankung kaum mehr zu sehen.

5.5 Strahlenpilz

Symptome

Von der Strahlenpilzerkrankung sind am häufigsten Altsauen betroffen. Charakteristisch sind faust- bis kindskopfgroße, teilweise gerötete Umfangsvermehrungen an der Gesäugeleiste., wobei sowohl einzelne als auch mehrere Gesäugekomplexe gleichzeitig betroffen sein können. Die Umfangsvermehrungen sind knotig derb und lassen sich gut von der Umgebung abgrenzen. Meist stehen sie nicht im direkten Zusammenhang mit der Zitze. Aus Fistelöffnungen können rahmartiger Eiter oder nekrotische Gewebsfetzen austreten und frischrotes Granulationsgewebe

Abb. 17 u. 18 Eine höckerige, derbe und gerötete Umfangsvermehrung mit eitrigem Sekret ist an der Gesäugeleiste sichtbar.

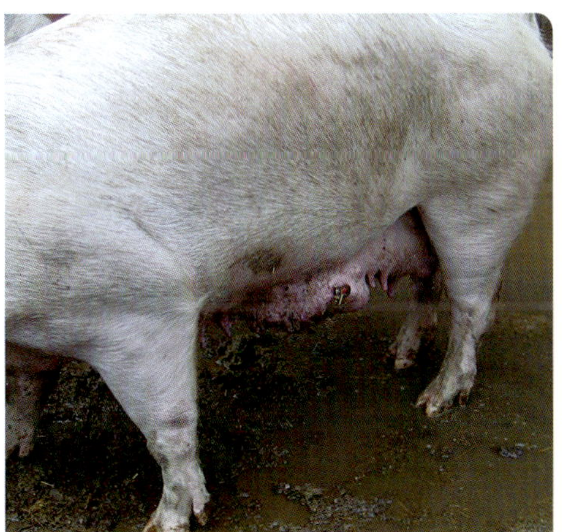

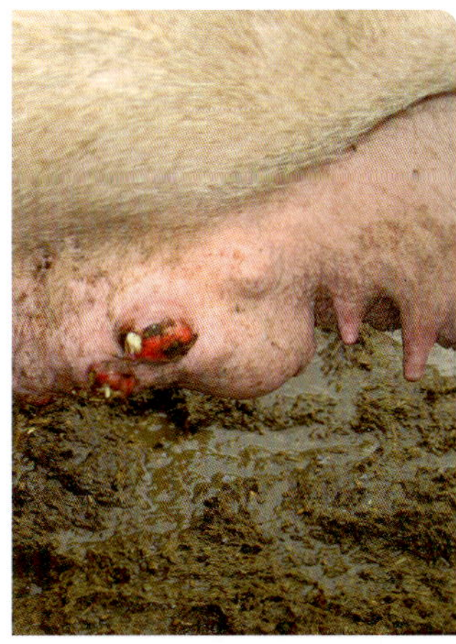

sichtbar sein. Das Allgemeinbefinden der Tiere ist in der Regel nicht gestört. In seltenen Fällen kann eine Aktinomykose auch in der Unterhaut anderer Körperteile beobachtet werden.

Ursachen

Durch kleine Hautverletzungen, die z. B. durch die Bisse der Ferkel oder durch verholzte Pflanzenstängel entstehen können, kann der bakterielle Erreger *Actinomyces suis* in die Unterhaut eingebracht werden. Eine bakterielle Begleitflora begünstigt das Haften der Infektion und es bilden sich kleine Erregerkolonien mit Eiterbildung im Bindegewebe, die als erbsen- bis kirschgroße, derbe Umfangsvermehrungen in der Unterhaut fühlbar sind. Diese so genannten Drusen dehnen sich weiter aus und bilden Fistelkanäle, durch die Eiter und Erreger nach außen abgegeben werden.

Diagnose

Aussehen, Palpationsbefund und Lokalisation an der Gesäugeleiste sind typisch. Erregernachweise im Organmaterial sind schwierig. Eine feingewebliche Untersuchung ergibt ein eindeutiges histologisches Bild.

Behandlung

Kleinere Knoten können durch eine parenterale oder lokale antibiotische Behandlung bekämpft werden. Häufig treten Rezidive auf. Die in der Vergangenheit übliche chirurgische Entfernung der veränderten Gewebebereiche kommt heutzutage aus ökonomischen Gründen nicht mehr in Frage.

Vorbeuge

In der modernen, strohlosen Ferkelproduktion ist die Erkrankung selten geworden, da die Infektionsketten gut unterbrochen werden können. Häufig tritt sie in Betrieben mit Strohhaltung auf. Nach dem Absetzen und der Rückbildung des Gesäuges sollten die Sauen sorgfältig durch Abtasten der Gesäugeleisten untersucht werden. In Betrieben mit einer starken Durchseuchung sollten erkrankte und nicht erkrankte Sauen getrennt voneinander aufgestallt werden, um eine Infektionsübertragung zu vermeiden. Sauen mit deutlichen Veränderungen sollten getötet werden, da sie einerseits den Erreger im Bestand verbreiten und andererseits der Verlust der Gesäugekomplexe ihre Wirtschaftlichkeit in Frage stellt.

Verlauf und Ausgang

Bei kleineren Umfangsvermehrungen ist eine frühzeitige Behandlung zu empfehlen, da diese vollständig ausheilen können. Wenn mehrere Gesäugekomplexe betroffen sind, sollten die entsprechenden Sauen ausselektiert werden.

6 Haut

6.1 Ringflechte; Pityriasis rosea

Symptome

Bei jungen Schweinen im Alter von 3–14 Wochen sind auf der Haut lokal umschriebene Rötungen mit Bläschenbildung zu sehen, die im Bauchbereich zwischen den Hinterbeinen beginnen und sich über die Kruppe bis zum Rücken ausbreiten können. Eine kräftigere Rötung der Randbezirke bedingt ein wallartiges Aussehen der Veränderungen. Diese konfluieren und die Hautbereiche in der Mitte heilen wieder aus, so dass eine Ringbildung mit landkartenähnlicher Zeichnung deutlich wird. Es erkranken meist einzelne Tiere und nur selten ein ganzer Wurf. Das Allgemeinbefinden betroffener Tiere ist gar nicht oder nur geringgradig gestört. Geringgradiger Juckreiz kann sichtbar sein. Innerhalb von vier bis sechs Wochen heilt die Haut wieder von selber aus.

Abb. 19 Landkartenähnliche und ringartige rote Hautzeichnungen sind typisch für die Ringflechte.

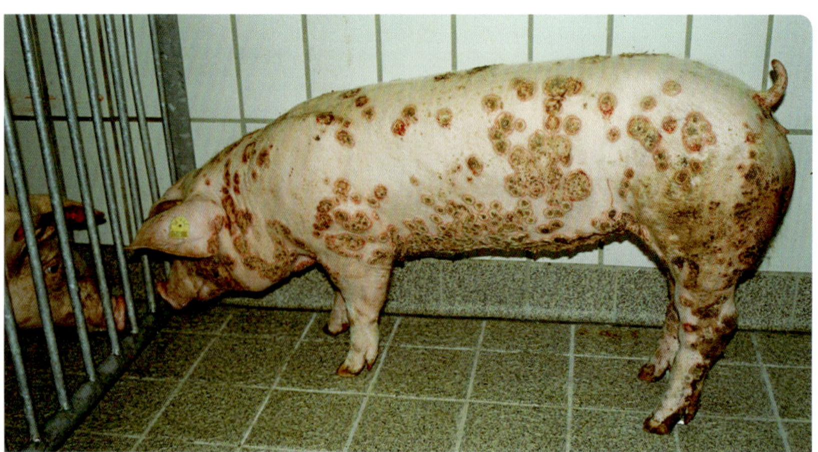

Ursachen

Die Ursache für die Erkrankung konnte bisher nicht geklärt werden. Der Nachweis eines infektiösen Agens gelang bisher nicht, zumal Infektionsversuche mit verändertem Material stets gescheitert sind. Eine genetische Disposition wird vermutet, weil Nachkommen betroffener Tiere auch eher erkranken. Eine Häufung kann bei Landrasseschweinen festgestellt werden.

Diagnose

Die landkartenähnliche Zeichnung, insbesondere am Bauch und im Zwischenschenkelbereich, ist typisch für diese Erkrankung.

Behandlung

Eine Behandlung ist nicht notwendig, da die Erkrankung innerhalb von vier bis sechs Wochen von selber ausheilt.

Vorbeuge

Durch eine antibiotische Metaphylaxe können bakterielle Sekundärinfektionen der Haut, wie z. B. mit Staphylokokken (s. u.), verhindert werden.

Verlauf und Ausgang

Wenn Sekundärinfektionen verhindert werden, heilt die Erkrankung von selber aus.

6.2 Ferkelruß

Symptome

Meist erkranken Einzeltiere oder auch ein gesamter Wurf oder eine Gruppe Saugferkel oder frisch abgesetzte Ferkel. Anfangs ist in der Achsel- und Leistengegend eine leichte Hautrötung zu erkennen, die in eine exsudative Hautentzündung mit bräunlichem Sekret übergeht. Innerhalb weniger Tage kann die gesamte Hautoberfläche dunkel verfärbt und schmierig verändert sein. Das Haarkleid ist verklebt und ein süßlicher, unangenehmer schweineuntypischer

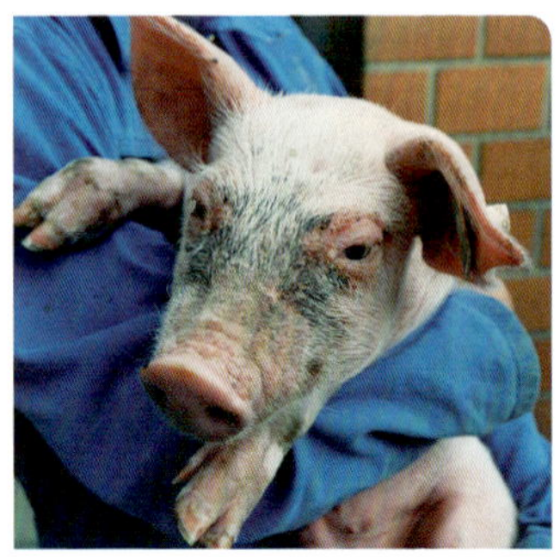

Abb. 20a+b Schmierig, schwarze Beläge sind typisch für die Staphylokokkeninfektion der Haut.

Geruch fällt auf. Zusätzlich können häufig blasenartige Ballenhornablösungen an den Klauen beobachtet werden. Erkrankungsrate und -schweregrad können von Schweinebestand zu Schweinebestand stark schwanken. Bei schwerwiegenden Verläufen können Saugferkel innerhalb weniger Tage verenden, da sie kaum mehr Milch aufnehmen, dehydrieren und auch innere Organe, v.a. harnableitende Wege, betroffen sein können. Bei Absetzferkeln ist die Verlustrate zwar geringer, aber auch sie können deutlich im Wachstum zurückbleiben.

Abb. 20c Veränderungen in der Abheilung.

Ursachen

Eine bakterielle Schmierinfektion mit dem Erreger *Staphylococcus hyicus* führt zu den typischen Veränderungen. Stämme dieser Erreger mit unterschiedlicher Virulenz werden auch auf der Haut von gesunden Schweinen gefunden, so dass sie der Hautnormalflora zugerechnet werden. Wenn Tiere, die virulente Stämme tragen, in eine freie, nicht immunisierte Herde eingestallt werden, kann die Erkrankung ausbrechen. Häufig stabilisiert sich das Infektionsgeschehen im Bestand nach etwa zwei bis drei Monaten. Dichte Belegung mit hoher Umgebungstemperatur und hoher Luftfeuchtigkeit kann die Ausbreitung des Erregers fördern. Hautläsionen begünstigen die Erkrankung. Diese können durch Rangordnungskämpfe der Saugferkel am Gesäuge oder nach dem Absetzen, bei Gruppenneubildungen oder beim Kampf um Fressplätze entstehen.

Diagnose

In Hauttupfern oder Geschabseln können die Erreger durch eine einfache mikrobiologischen Untersuchung nachgewiesen werden.

Behandlung

Im frühen Erkrankungsstadium ist eine antibiotische Behandlung wirkungsvoll. Bei den Saugferkeln sollten zusätzliche Tränkeschalen genutzt werden, um einer Dehydratation vorzubeugen.

Vorbeuge

Wenn Einzeltiere eines Wurfes erkranken, ist die metaphylaktische Behandlung des gesamten Wurfes zu empfehlen. Je nach Ausbreitung im Bestand ist auch eine antibiotische Metaphylaxe der Absetzferkel zu empfehlen. Abferkel- und Aufzuchtställe sollten im konsequenten Rein-Raus-Verfahren mit entsprechender Reinigung und Desinfektion belegt werden. Die Belegdichte sollte reduziert und ein ausreichendes Tier:Fressplatz-Verhältnis angestrebt werden. Eventuell müssen Stalltemperatur und Luftfeuchtigkeit abgesenkt werden. In einigen Betrieben mit schwerwiegendem Erkrankungsverlauf hat sich auch der Einsatz eines stallspezifischen Impfstoffes bewährt.

Verlauf und Ausgang

Bei Saugferkeln verläuft die Erkrankung häufig perakut, so dass Behandlungsmaßnahmen zu spät kommen. Metaphylaxemaßnahmen sind effektiver, da Behandlungen im frühen Stadium der Erkrankung meist zu einer Abheilung führen.

6.3 Sonnenbrand

Haut hellhäutiger Schweine reagiert bei starker Sonneneinstrahlung besonders empfindlich mit Entzündung. Schon wenige Stunden in der prallen Sonne können, wie beim Menschen, zu schwerwiegenden Verbrennungen führen.

Symptome

An den unpigmentierten Hautpartien, die der Sonne ausgesetzt sind, ist eine deutliche Rötung zu erkennen. Besonders die dorsalen Körperpartien, wie Nacken, Rücken, Schulterbereich, Schinken und Ohraußenseiten sind betroffen. Das Allgemeinbefinden ist in der Regel ungestört, obwohl oft eine erhöhte Körpertemperatur bis über 40 °C gemessen werden kann. Grobe, weiße Schuppen deuten auf abgestorbene Hautanteile hin. Durch den Integritätsverlust der Hautbarriere kann sich eine nässende Entzündung entwickeln (siehe Ferkelruß). Bei Zuchtsauen können mitunter eine erhöhte Umrauschquote oder sogar Aborte beobachtet werden.

Ursachen

Die UV-Strahlung des Sonnenlichts führt zu einer Hautreizung mit Entzündungen, für die hellhäutige Schweinerassen besonders anfällig sind, da ihnen eine natürliche Pigmentierung, die vor Schäden durch starke Sonneneinstrahlung schützt, fehlt. Schweine, die sonst nur im Stall gehalten werden, können bereits nach verhältnismäßig

Abb. 21 Sonnenbrand kann Hautrötungen und schwere Entzündungen verursachen.

kurzer Sonneneinstrahlung von nur wenigen Stunden erkranken. Regelmäßig im Freien gehaltene Tiere erkranken vor allen Dingen im Frühjahr. Im Laufe des Sommers verhornt die Haut und ist so besser geschützt. Außerdem suchen Schweine bei hohen Außentemperaturen eher den Schatten auf. Die hohen Körpertemperaturen können zu Fruchtbarkeitsstörungen bei Ebern und Sauen führen und mitunter sogar Aborte auslösen. In sehr seltenen Fällen kann durch das Fressen von Pflanzen, die photodynamische Substanzen enthalten, wie Johanniskraut oder Buchweizen, auch eine erhöhte Empfindlichkeit der Haut verursacht werden (Photosensibilität).

Behandlung

Schweine sollten bei ersten Krankheitsanzeichen nicht weiter der Sonneneinstrahlung ausgesetzt werden. In der Regel ist eine weitere Behandlung nicht notwendig. Bei schwerwiegenden Einzeltiererkrankungen können entzündungshemmende Medikamente und hautpflegende oder desinfizierende Salben eingesetzt werden.

Vorbeuge

Bei einer teilweisen Haltung im Freien sollte ausreichend Schatten vorhanden sein. Gegebenenfalls muss der gesamte

Bereich überdacht oder mit Planen bzw. Netzen überspannt werden. In der Freilandhaltung sollten pigmentierte Schweinerassen, wie z. B. Duroc, eingekreuzt werden.

Verlauf und Ausgang

Wenn die Haut nicht durch bakterielle Sekundärinfektionen weiter geschädigt wird, heilen die betroffenen Hautpartien nach Aufstallung wieder vollständig ab.

6.4 Parakeratose

Symptome

Die Erkrankung ist durch anfängliche Hautrötungen und später borkig-krustige Hautveränderungen vor allem an den Gliedmaßen unterhalb der Fußwurzelgelenke, die sich am Hinterleib bis über die lange Sitzbeinmuskulatur hinweg ausdehnen können, und am Kopf charakterisiert. Oft fallen parallel an der Haut vermehrte Rötung, Schwellung und Schmerzempfindlichkeit neben teilweise nässenden Wundflächen auf, die von bräunlichen teils borkig-krustigen, teils auch schmierigen Auflagerungen bedeckt sind. Die Haut erscheint an den Ohrrändern eingerissen und die bedeckenden Krusten sind nur unter Substanzverlust abzulösen. Auch das Hornwachstum an den Klauen ist gestört, was in Form von Stallklauen mit auffälliger Ringwulstbildung und ringförmiger Dunkelfärbung des Wandhorns deutlich wird. Histologisch können eine ausgeprägte Hyper- und Parakeratose der Haut und Schleimhäute nachgewiesen werden. Während die Hyperkeratose eine übermäßige Bildung normaler Hornschichten bezeichnet, handelt es sich bei der Parakeratose um eine gestörte Verhornung, bei der unreife, kernhaltige Zellen in der Hornschicht abgestoßen werden.

Ursachen

Eine Parakteratose ist im Zusammenhang mit Zinkmangel beschrieben. Zink ist für die Funktion einer Vielzahl von Körperenzymen nötig, so dass ein Zinkmangel weitrei-

Abb. 22 Verschorfte, grau-silbrige Hautbeläge.

chende Folgen hat. Zink spielt vor allem für die Erhaltung der Hautfunktion eine Rolle, da es als Komponente von um- und abbauenden Enzymen (Kollagenasen, Proteasen) an Gewebsumbauvorgängen und Zellbewegungen beteiligt ist. Ein Zinkmangel führt im Bereich der Haut zu einer Verdickung der verhornenden oberen Hautschicht, die dann gleichzeitig eine unvollständige Verhornung aufweist und noch kernhaltige Zellen enthält.

Eine primäre Parakeratose als Folge eines absoluten Zinkmangels tritt kaum noch auf, da nahezu flächendeckend standardisierte Futtermischungen mit Zinkzusatz verwendet werden. Je nach Alters- und Produktionsstufe werden Zinkkonzentrationen zwischen 40 und 100 mg/ kg Futter empfohlen. Als maximaler Zinkgehalt in der Gesamtration sind 150 mg/kg Alleinfutter zugelassen. Eine Zinkmangelerkrankung beim Schwein kann aber auch sekundär durch phytatreiches Futter und einen gleichzeitig hohen Futterkalziumgehalt hervorgerufen werden, insbesondere, wenn das Verhältnis zwischen Zink und Kalzium in der Ration kleiner als 1:100 ist. Auch andere zweiwertige Elemente, wie beispielsweise Cadmium, Eisen und Mangan, können die Zinkresorption beeinträchtigen und zinkabhängige Enzyme inaktivieren.

Diagnose

Eine histologische Untersuchung veränderter Hautbereiche ergibt bei Zinkmangel das typische Bild einer Hyper- und Parakeratose. Der Referenzbereich für den Plasmazinkgehalt wird mit etwa 11–23 µmol/l (70–150 µg/dl) angegeben. Eine Untersuchung des Alleinfutters auf Kalzium- und Zinkgehalte sollte bei Verdacht durchgeführt werden.

Da im Verlauf einer Parakeratose auch Juckreiz beobachtet werden kann, sollte Räude als wichtige Differentialdiagnose ausgeschlossen werden.

Behandlung

Zur Therapie erkrankter Tiere können täglich über einen Zeitraum von etwa drei Wochen Zinkverbindungen (z. B. Zinkoxid) verabreicht werden, solange die gesetzlich zugelassenen Höchstmengen im Futter nicht überschritten werden. Die Höchstwerte beziehen sich auf das Element Zink, so dass für Zinkverbindungen der entsprechende Zinkgehalt in diesen Verbindungen ausgerechnet werden muss.

Vorbeuge

Futtermischungen sollten ein Mineralfutter enthalten, das den Versorgungsempfehlungen für Mineralstoffe und Spurenelemente für die entsprechende Altersgruppe entspricht. Das Zink/Kalzium-Verhältnis sollte nicht kleiner als 1:100 sein. Eine ausreichende Einmischquote des Mineralfutters sollte gewährleistet sein (2–3 %).

Verlauf und Ausgang

Bei fortgeschrittenem Krankheitsverlauf stehen neben den Hautveränderungen auch vermindertes Wachstum, verminderte Futteraufnahme und Sekundärinfektionen durch ein geschwächtes Immunsystem im Vordergrund. Wird Zink nicht substituiert, kommt es zu Todesfällen.

6.5 Schweinerotlauf

Schon Ende des 19. Jahrhunderts ist diese Schweinekrankheit von Erich Löffler beschrieben worden.

Symptome

In der akuten Form haben die Schweine sehr hohes Fieber von 40–42 °C. Sie fressen nicht, liegen viel und nehmen keinen großen Anteil an ihrer Umgebung. Aufstehen und

Abb. 23a (links) Viereckige, rhombenförmige erhabene Hautrötungen (Backsteinblattern).

Abb. 23b (rechts) Zusammenfließen der Hautrötungen, daher der Name Rotlauf.

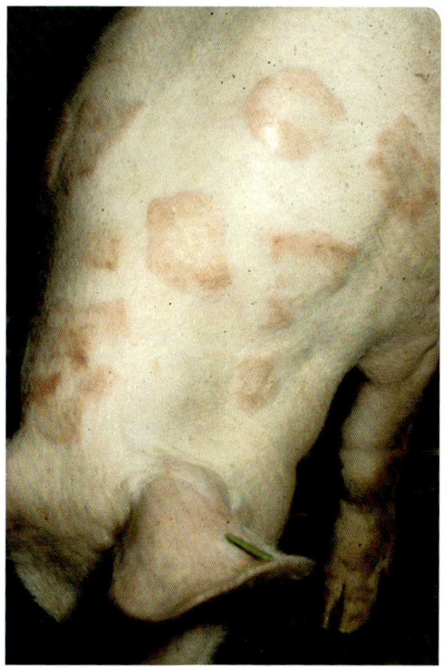

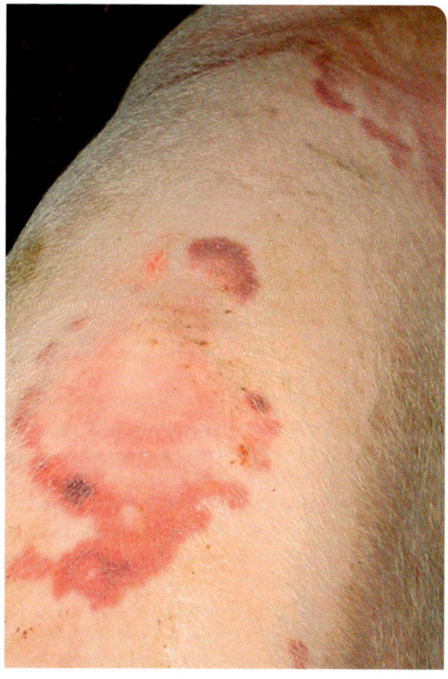

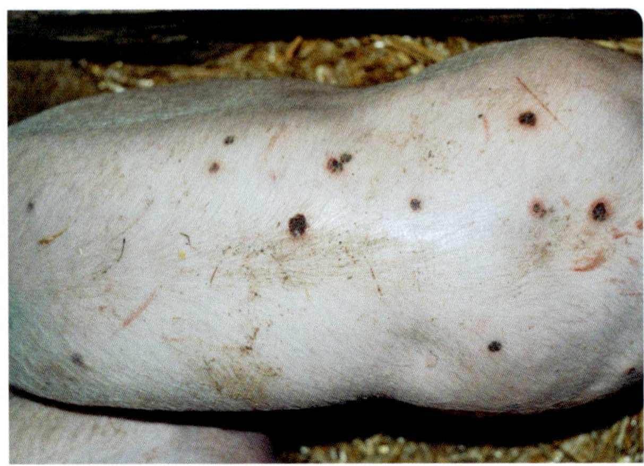

Abb.24 Backsteinblattern in Abheilung. Schwarze Nekrosen sind sichtbar.

Bewegung sind schmerzhaft. Bei tragenden Sauen können Aborte beobachtet werden. Am 2. bis 3. Tag werden beim Hautrotlauf nahezu rechteckige oder quadratische bis rautenförmige, klar umschriebene und erhabene Hautquaddeln von hell- bis dunkelroter Farbe sichtbar, die als Backsteinblattern bezeichnet werden. Diese Quaddeln können vereinzelt auftreten oder großflächig ineinander laufen. Diesem Phänomen verdankt das Krankheitsbild seinen Namen („Rotlauf"). Bei pigmentierten Schweinerassen sind die Hautveränderungen häufig besser zu fühlen als zu sehen. Betroffene Tiere können akut verenden. Wenn die Krankheit überstanden wird und die Quaddeln abheilen, werden die betroffenen Hautbezirke häufig nekrotisch. Dabei wird die Haut im Zentrum der Veränderung schwarz, trocken und fest, bevor sie abgestoßen wird und sich wieder neue Haut darunter bildet. Sind Ohrränder oder Schwanz betroffen, können diese vollständig absterben.

Die chronische Rotlaufform ist nicht so eindeutig zu erkennen, denn der Krankheitsverlauf ist milder mit meist nur geringgradig gestörtem Allgemeinbefinden und keiner oder nur vereinzelter Quaddelbildung. Plötzliche Todesfälle werden nicht beobachtet. Im weiteren Verlauf der Erkrankung treten häufig chronische Gelenksentzündungen auf, die als Umfangsvermehrungen im Bereich der Gelenke fühlbar werden. In diesem Stadium sitzen die Tiere vermehrt und nehmen Schonhaltungen ein. Ihr steifer Gang ist auffällig. Mitunter können jetzt wieder plötzliche Todesfälle auftreten.

Ursachen

Beim Rotlauf handelt es sich um eine bakterielle Infektionskrankheit mit dem gram-positiven Erreger *Erysipelothrix rhusiopathiae,* der in der Schweinepopulation und auch bei Wildtieren unterschiedlicher Spezies weit verbreitet ist. Serotypen mit unterschiedlicher Virulenz sind beschrieben worden. Die Bakterien können über Kot, Harn, Speichel und Nasensekret ausgeschieden werden und können oral aufgenommen werden oder über Hautverletzungen zu einer Infektion führen. Auf Grund der weiten Verbreitung des Erregers in der Umwelt besteht häufig eine natürliche Immunität. Als besonders empfänglich gelten jedoch Mastschweine und junge Zuchtschweine. Es wird vermutet, dass Futterwechsel oder ein erhöhter Gehalt an Mykotoxinen den Ausbruch der Erkrankung fördern. Bei der akuten Form führt die Bakteriämie im Körper zu einer Blutvergiftung, die zum hohen Fieber und einem schockbedingten plötzlichen Tod führen kann. Eine Schädigung der Blutgefäße führt zur Entstehung der typischen Backsteinblattern beim Hautrotlauf.

Während der chronischen Entzündungsprozesse in der Gelenkkapsel kann der Gelenkknorpel zerstört und das Gelenk durch bindegewebige und knöcherne Zubildungen versteift werden. An den Herzklappen können die Erreger zu blumenkohlartigen Wucherungen führen, die dann eine Herz-Kreislaufschwäche mit plötzlichen Todesfällen bei der chronischen Form verursachen.

Diagnose

Typische Hautveränderungen in Form von Backsteinblattern bei gestörtem Allgemeinbefinden und sehr hohem Fieber legen die Diagnose des akuten Rotlaufs nahe. Nach einer Behandlung mit Penicillin bessert sich das Allgemeinbefinden der Tiere innerhalb von 12 Stunden deutlich. Wenn großflächige Hautrötungen vorliegen, muss die anzeigepflichtige Schweinepest ausgeschlossen werden.

Die chronische Verlaufsform ist nicht sicher zu erkennen, zumal Streptokokkeninfektionen zu ähnlichen Krankheitsbildern führen können. Sektionsergebnisse können erste Hinweise geben, aber selten können die Erreger nachgewiesen werden. Serologische Untersuchungsergebnisse unterstützen die Diagnostik, sind jedoch aufgrund der verbreiteten natürlichen Immunität oft schwer zu interpretieren.

Behandlung

Im akuten Fall bessert sich das klinische Bild nach einer einmaligen Penicillinbehandlung innerhalb von 12 Stunden. Trotz langjähriger Anwendung dieser Therapie ist bis jetzt keine Resistenz der Rotlauferreger gegenüber Penicillin festgestellt worden. Chronische Gelenks- oder Herzklappenveränderungen können durch eine antibiotische Behandlung kaum mehr rückgängig gemacht werden.

Vorbeuge

Bei einem akuten Ausbruch bei einzelnen Tieren sollten die Buchtengenossen ebenfalls behandelt werden. Durch diese metaphylaktische Behandlung wird die Erkrankung bei diesen Schweinen wirkungsvoll verhindert. Die regelmäßige Schutzimpfung der Zuchttiere mit Totimpfstoffen hat sich bewährt. Nach einer Grundimmunisierung in der Pubertät sollte die Impfung alle 6 Monate aufgefrischt werden.

Verlauf und Ausgang

Die typischen Hautveränderungen können nach einer Penicillinbehandlung problemlos ausheilen. Chronischer Gelenk- oder Herzklappenrotlauf ist beim Erkennen der Erkrankung nicht mehr wirkungsvoll behandelbar. Betroffene Tiere sollten entsprechend verwertet werden.

6.6 Schweinepest

Die Klassische und die Afrikanische Schweinepest zählen in Deutschland zu den anzeigepflichtigen Tierseuchen. Somit sind auch die Tierhalter verpflichtet, einen Krankheitsverdacht unverzüglich den zuständigen Behörden zu melden, in der Regel den Kreisveterinärämtern.

Symptome

Die Symptome der Erkrankungen sind ähnlich. Typisch für die Schweinepest ist, dass nichts typisch ist. Zur sicheren Unterscheidung sind weiterführenden Laboruntersuchungen unbedingt notwendig. Unterschiedliche Virustypen können bei der Klassischen Schweinepest zum deutlich sichtbaren, akuten Verlauf oder zum weniger deutlichen, chronischen Verlauf führen. Im akuten Stadium zeigen sich hohes Fieber über 41 °C und oft auch vermehrt Bindehautentzündungen . Die Tiere wirken apathisch und verweigern das Futter. Häufig zittern und frieren sie, so dass sie in

Abb. 25 Typisch für die Schweinepest ist, dass nichts typisch ist. Haufenlage bei hohem Fieber.

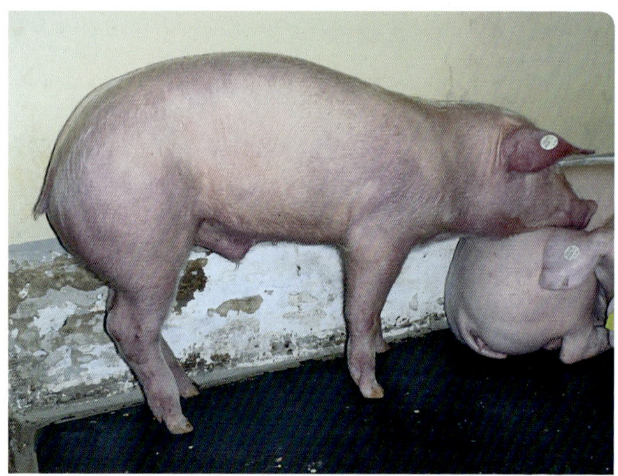

Abb. 26 Bei Schweinepest kann eine Zyanose der Haut sichtbar sein.

Haufen liegen. Schwankender Gang und Bewegungsstörungen der Hintergliedmaßen können sichtbar sein. Die Haut kann sich flächenhaft rot – violett verfärben. Einerseits treten plötzliche Todesfälle auf, andererseits verendet die Masse der betroffenen Tiere erst nach zwei bis drei Wochen. Das Krankheitsbild kann der akuten Verlaufsform einer Rotlaufinfektion ähneln, wobei eine Penicillinbehandlung keine Besserung bringt. Bei der chronischen Verlaufsform der Schweinepest ist das klinische Bild nicht eindeutig. Husten, Durchfall, aber auch Verstopfungen oder vermehrte Todesfälle können im Vordergrund stehen. Erkrankungen können sich über mehrere Monate hinziehen. Bei Zuchtsauen können Aborte, Totgeburten, Mumien oder vermehrte Missbildungen der Früchte beobachtet werden. Bei intrauterin infizierten Ferkeln kann angeborenes Zittern festgestellt werden. Schweine können auch infiziert sein, ohne sichtbare Krankheitsanzeichen zu zeigen.

Ursachen

Beide Erkrankungen werden durch Virusinfektionen verursacht. Bei der Afrikanischen Schweinepest, die vor allen

Dingen in Afrika, Asien und den südöstlichen Ländern Europas grassiert, sind DNA-Viren die Erreger, während bei der Klassischen Schweinepest ein RNA-Virus aus der Gruppe der Pestiviren verantwortlich ist. Je nach Virustyp kann ein akuter oder eher ein chronischer Krankheitsverlauf auftreten. Wildschweine werden in Europa als Erregerreservoir angesehen, da bei ihnen immer wieder Pestiviren nachgewiesen werden. In der EU sind derzeit keine akuten Infektionen der Hausschweine bekannt. Durch internationale Kontakte und den starken Reiseverkehr muss aber jederzeit mit neuen Ausbrüchen gerechnet werden, zumal außer durch den direkten Tierkontakt die Erreger auch über Fleisch, Körpersekrete oder Exkremente in freie Bestände eingeschleppt werden können. Im Lymphgewebe erfolgt eine erste Virusvermehrung, bevor die Erreger dann über die Blutgefäße im Körper verbreitet und Lymphgewebe und Gefäßwände zerstört werden. Der Tod kann durch allgemeines Kreislaufversagen oder Veränderungen im zentralen Nervensystem eintreten. Bei der chronischen Verlaufsform wird das Krankheitsbild durch Sekundärinfektionen beeinflusst.

Diagnose

In der Sektion können blutig marmorierte Lymphknoten und Blutungen auf der Blasenschleimhaut oder der Nierenkapsel erste Hinweise auf eine Infektion geben. Bei Verdachtsfällen muss ein Virusnachweis in Blut- oder Organproben erfolgen. Nach längerer Erkrankung oder bei nicht sichtbar erkrankten Tieren können Antikörper im Blut nachgewiesen werden. Durch die Schädigung des Lymphgewebes ist im roten Blutbild eine Verringerung der weißen Blutkörperchen ohne Kernlinksverschiebung festzustellen. Schweinepest gilt in der staatlichen Tierseuchenbekämpfung als festgestellt, wenn klinische Symptome und entsprechende Sektionsergebnisse vorliegen, Virus oder Antigen nachgewiesen wurde oder wenn der Antikörpernachweis in Verbindung mit epidemiologischen Erhebungen einen Anhaltspunkt für die Erkrankung gibt.

Behandlung

Nach dem Tierseuchenrecht ist eine Behandlung der Afrikanischen oder Klassischen Schweinepest verboten. Im Bereich der Europäischen Union herrscht die Auffassung vor, dass die Tilgung der Schweinepest nur durch die Tötung aller infizierten Bestände möglich ist. In der Regel wird daher die Keulung für die betroffenen Bestände angeordnet, d. h. die gesamten Schweine des Bestandes werden unverzüglich getötet und unschädlich beseitigt. Um die infizierten Bestände herum werden Sperr- und Beobachtungsgebiete gelegt, in denen für bestimmte Zeiten jeglicher Tiertransport untersagt wird. Intensive epidemiologische Auswertungen der Tiertransporte und sonstiger Kontakte werden durchgeführt. In allen schweinehaltenden Betrieben der Sperr- und Beobachtungsgebiete erfolgen Blutuntersuchungen zum Virus- und Antikörpernachweis. Gegebenenfalls wird die Keulung benachbarter Betriebe oder weiterer Kontaktbetriebe angeordnet. Wirksame Impfstoffe sind nur gegen die klassische Schweinepest verfügbar, allerdings sind zur Zeit Impfungen gegen die Hausschweinepest im Bereich der EU verboten. Ringimpfungen um einen Seuchenherd können genehmigt werden. Betroffene Regionen müssen dann aber intensive virologische und serologische Kontrollen durchführen und haben starke Handelshemmnisse beim Absatz der Schweine zu erwarten.

Vorbeuge

Schutzmaßnahmen vor Viruseinschleppung in gesunde Bestände sind das wichtigste Vorbeugeinstrument. So ist die Verfütterung von Speiseabfällen in der EU verboten. Der Kontakt zu Wildschweinen muss durch Stallhaltung und bei Freilandhaltung durch eine doppelte Einzäunung verhindert werden. In gefährdeten Wildschweinepestgebieten müssen alle erlegten Tiere auf Schweinepestvirus untersucht werden. Schluckimpfungen oder besondere jagdliche Maßnahmen können in diesen Regionen angeordnet werden. In der Schweinhaltungshygiene-Verordnung sind zahlreiche Punkte zum Schutz vor Tierseuchen aufgeführt. So muss bei erhöhten Verlusten, Umrausch- oder Abortquoten, sowie ungeklärten Erkrankungen durch den Tierhalter eine tierärztliche Untersuchung auch auf Schweinepest beauftragt werden. Je nach Bestandsgröße und Seuchenlage müssen bestimmte Hygieneeinrichtungen, wie Reinigungsmöglichkeiten und Desinfektionseinrichtungen, Hygienschleusen und Quarantäneabteile vorhanden sein. Für die Kadaverlagerung müssen gesonderte Behälter bereit stehen. Das Betreten der Schweinställe durch unbefugte Personen ist generell verboten.

Verlauf und Ausgang

Bei der Afrikanischen sowie der Klassischen Schweinepest handelt es sich um anzeigepflichtige Tierseuchen. Die Behandlung ist verboten. Um volkswirtschaftliche Schäden zu vermeiden, werden staatliche Bekämpfungsmaßnahmen angeordnet. Die Tilgung der Erkrankungen soll erreicht werden.

6.7 Schweineläuse

Symptome

In der konventionellen Schweineproduktion tritt ein Befall mit Schweineläusen nur noch äußerst selten auf. In den betroffenen Beständen ist eine vermehrte Unruhe unter den Tieren zu beobachten, da befallene Schweine einen deutlichen Juckreiz zeigen. Bei einem hochgradigen Befall kann

Abb. 27 Die Läuse sind mit bloßem Auge auf der Haut zu erkennen.

eine Anämie (siehe dort) bei einzelnen Tieren klinisch sichtbar werden.

Ursachen

Die Schweinelaus, *Hämatopinus suis*, wird direkt von Schwein zu Schwein übertragen. Die geschlechtsreife Laus und ihre Larven gehören zu den blutsaugenden Insekten und schädigen die befallenen Tiere durch Blutentzug, lokale Hautreizungen mit Entzündungen und möglicherweise auch durch die Übertragung von Infektionserregern.

Diagnose

Die etwa 5 mm langen Ektoparasiten sind bei unpigmentierten Schweinen gut mit bloßem Auge zu erkennen. An den Haaren der seitlichen Hals und Schultergegend können die ca. 1 mm langen weißen Eier festgestellt werden.

Behandlung

In der Umgebung ist die Laus nur für kurze Zeit überlebensfähig. So beschränkt sich die Bekämpfung auf die Behandlung der Schweine mit Ektoparasitika. Zurzeit stehen dafür dieselben Medikamente wie gegen die Räudemilben (siehe dort) zur Verfügung. Da die Eier durch die Wirkstoffe nicht abgetötet werden, muss die Behandlung im Abstand von 14 Tagen wiederholt werden.

Verlauf und Ausgang

Nach konsequenter, zweimaliger Behandlung ist der Läusebefall in der Regel getilgt und die Schweine können sich ohne Beeinträchtigung entwickeln.

6.8 Räude (siehe Ohr)

Symptome

In vielen Betrieben ist das Erscheinungsbild der Räude bekannt, das im Anfangsstadium durch punktförmige Hautrötungen und zunehmenden Juckreiz gekennzeichnet ist. Ferkel oder räudefrei eingestallte Jungsauen entwickeln

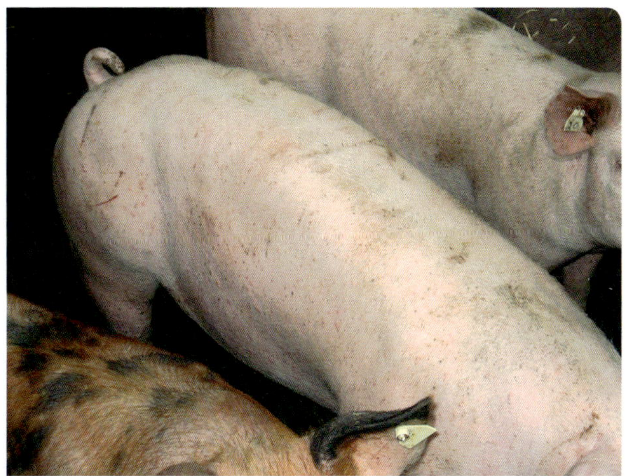

Abb. 28 Punktförmige Hautblutungen und Juckreiz sind die ersten Anzeichen der Räude.

die typischen Hautveränderungen und fallen durch eine vermehrte Unruhe auf. Bei älteren Tieren ist der Juckreiz meist weniger ausgeprägt und es sind graue, schuppige oder borkenartig verdickte Hautpartien im Schulter- und Halsbereich oder an den Beinen erkennbar. Meist sind im Ohr asbestartige oder dunkelbraune, schmierige Beläge sichtbar. Neben diesen sichtbaren, häufig nicht sehr besorgniserregenden Krankheitsanzeichen sollten die nachgewiesenermaßen auftretende Leistungsminderung und die damit verbundenen finanziellen Verluste nicht unterschätzt werden. Das körpereigene Abwehrsystem wird durch Beunruhigung und Blutentzug geschwächt und der Ausbruch latent vorhandener Erkrankungen begünstigt. Die Unruhe der Sauen kann zu erhöhten Erdrückungsverlusten bei den Ferkeln führen. Auch haben die Ferkel weniger Gelegenheit zum Saugen, da sich Sauen seltener hinlegen. Dies verschlechtert die Vitalität und Widerstandsfähigkeit der Ferkel erheblich und kann Leistungseinbußen in anschließenden Produktionsstufen nach sich ziehen. Im Aufzucht- und Maststall können durch die vermehrte Unruhe Futteraufnahme, Futterverwertung und Tageszunahmen vermindert

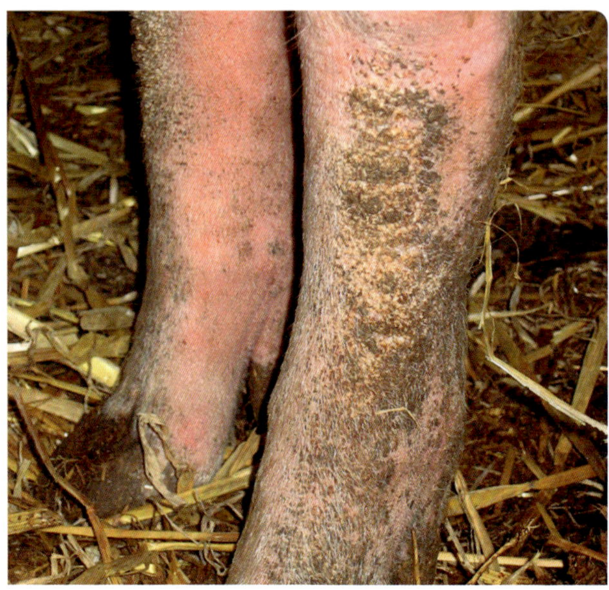

Abb. 29 Borkige, asbestartige Beläge bei Räudemilbenbefall.

sein. Der starke Juckreiz, die Unruhe und die Duldung von als anfänglich angenehm empfundenen Manipulationen durch die Buchtengenossen kann das Auftreten von Kannibalismus im Bestand initiieren.

Ursachen

Die Räudemilbe, *Sarcoptes suis*, bohrt Gänge in die Haut, um ihre Eier dort abzulegen. Die Schädigung tiefer Hautschichten zieht Hautreizung und -entzündung sowie die Bildung von Narbengewebe nach sich. Innerhalb von zwei bis drei Wochen entwickelt sich eine neue Generation vermehrungsfähiger Milben.

Diagnose

Das klinische Bild der Räude ist relativ eindeutig. Um die Diagnose auch labordiagnostisch abzusichern, können die Milben in tiefen Hautgeschabseln, die vorzugsweise im Ohr entnommen werden, nachgewiesen werden. Die Bestätigung der Räudefreiheit eines Bestandes nach einer Eradikation der Räudemilben kann nur durch ein Bündel von Maßnahmen erfolgen, um eine größtmögliche Aussagesicherheit zu bekommen. Nach einem Intervall von 12 Monaten ohne Ektoparasitenbehandlung muss eine tierärztliche Bestandsuntersuchung auf Anzeichen der Räude erfolgen. Der Milbennachweis in Hautgeschabseln gelingt häufig nicht, so dass ein negativer Milbennachweis nicht als sicherer Räudeausschluss bewertet werden kann. Es wird daher der Nachweis von Antikörpern in Blutproben angestrebt. Zu beachten ist dabei, dass behandelte Tiere, die frei von Räudemilben sind, noch lange Antikörper-positiv reagieren. Nur eine Kombination verschiedener Untersuchungsmethoden ermöglicht einen weitgehend sicheren Nachweis der Räudefreiheit.

Behandlung

Durch eine konsequente und regelmäßige Behandlung kann die Erkrankungen recht gut kontrolliert werden. Bei sporadischen Behandlungen werden nur die sichtbaren Krankheitsanzeichen vermindert, ohne die Milben zu vernichten.

Es stehen preisgünstige Medikamente zur Wasch- oder Sprühbehandlung bzw. zum Aufgießen, dem so genannten Pour-on-Verfahren, zur Verfügung. Häufig werden mit diesen Behandlungsverfahren bei stark verschmutzten Tieren oder an schwer zugänglichen Hautpartien, besonders in den Ohren, nicht alle Milben abgetötet. Die Behandlung muss mehrmals wiederholt werden.

Für die Injektionsbehandlung und für die Behandlung über das Futter stehen derzeit Medikamente aus der Stoffgruppe der Avermectine zur Verfügung, die zusätzlich auch gegen Innenparasiten wirken.

Vorbeuge

Der Neuaufbau des Bestandes mit garantiert räudefreien Schweinen ist möglich. Bei konsequenter Durchführung kann die Räudefreiheit auch durch eine zweimalige Behandlung aller Tiere in einem Abstand von 14 Tagen erreicht werden. Es müssen dann auch alle Saugferkel und sonstige Schweine, die älter als 3 Tage sind, behandelt werden. Bei jüngeren und nachgeborenen Ferkeln muss die Behandlung nachgeholt werden. Auf die notwendige Sorgfalt bei der Verabreichung und Dosierung der Präparate ist bereits hingewiesen worden. Kritisch ist der hohe finanzielle und arbeitswirtschaftliche Aufwand einer Eradikation, der 1,5–3 mal so hoch wie bei einer kontinuierlichen Behandlung eingeschätzt wird. Insbesondere in, Kombi- oder Vermehrungsbetrieben beeinträchtigt die Einhaltung der langen Wartezeiten der Präparate die Betriebsabläufe.

Andererseits wird bei konsequenter Durchführung der Maßnahmen und Einhaltung der Bestandshygiene später keine weitere Räudebehandlung mehr notwendig sein und es können räudefreie Nutzschweine ausgeliefert werden. Nach einer erfolgreichen Sanierung muss die Abschirmung des Betriebes gesichert sein, um das Risiko einer Neuinfektion zu minimieren. Gerade beim Zukauf muss auf größtmögliche Sicherheit geachtet werden, denn das Einstallen z. B. eines räudepositiven Ebers würde den gesamten Aufwand zunichte machen. Zukauftiere sollten in der Quarantäne zweimal im Abstand von 14 Tagen mit den Injektionspräparaten behandelt werden.

Verlauf und Ausgang

Nach entsprechender Behandlung heilt die Erkrankung problemlos ab.

6.9 Eisenmangelanämie

Eisen wird vor allen Dingen für die Bildung des roten Blutfarbstoffes Hämoglobin benötigt.

Symptome

Bei einem Eisenmangel fällt eine zunehmende Blässe durch die fortschreitende Blutarmut (Anämie) auf. Besonders Saugferkel nach der ersten Lebenswoche sind betroffen, wenn kein Eisen durch Injektion oder orale Gaben ergänzt

Abb. 30 Bei blassen Saugferkeln liegt häufig ein Eisenmangel vor.

worden ist. Die Blutarmut wird zuerst an den Konjunktiven deutlich, die normalerweise beim Schwein kräftig rot sein sollten. Später erscheinen dann die ganzen Tiere blass, insbesondere bei einem Vergleich mit gesunden Tieren bei guten Lichtverhältnissen. Häufig sind die besonders gut entwickelten Ferkel mit hohen Geburtsgewichten betroffen, die aufgrund ihrer guten Tageszunahmen einen erhöhten Eisenbedarf haben. Durch die zunehmende Blutarmut können betroffene Tiere teilnahmslos werden und im Wachstum zurückbleiben. Eine weitere Folge der Blutarmut ist auch eine Funktionseinschränkung des körpereigenen Abwehrsystems, so dass die Tiere insgesamt anfälliger für Infektionskrankheiten sind. In weit fortgeschrittenem Stadium versuchen die Tiere den Sauerstoffmangel, der durch Mangel an Hämoglobin entsteht, durch höherfrequente Atmung auszugleichen. Die Tiere pumpen und zeigen Entlastungshaltungen, die leicht mit einer Erkrankung der Atemwege verwechselt werden können.

Ursachen

Eisen wird für Enzyme, und die Bildung der Blut- und Muskelfarbstoffe (Hämoglobin und Myoglobin) benötigt. Im Gegensatz zu den Wildschweinen sind die heutigen Hausschweine auf erhöhten Muskelzuwachs gezüchtet worden, für den ein erhöhter Eisenbedarf besteht, der durch die Versorgung über die Muttermilch nicht gedeckt werden kann. In der Freilandhaltung kann der erhöhte Bedarf gegebenenfalls durch die Aufnahme von Erde in den ersten Lebenstagen kompensiert werden. Die Eisenreserve neugeborener Ferkel beträgt 30 mg/kg Körpergewicht und über die Sauenmilch wird ca. 1 mg täglich zugeführt. Insgesamt werden aber etwa 10 mg pro Tag benötigt, so dass die Eisenreserven schnell erschöpft sind. Erst nach dem Absetzen wird über das Futter ausreichend Eisen aufgenommen.

Diagnose

Anämien bei Saugferkeln deuten auf einen Eisenmangel hin, wenn keine erhöhten Blutverluste, z. B. durch vermehrtes Nabelbluten nach der Geburt, durch die Kastration oder durch Parasitenbefall entstanden sind. Zur labordiagnostischen Absicherung der Diagnose können neben dem Hämatokrit, dem Hämoglobingehalt und der mittleren korpuskulären Hämoglobinkonzentration (MCHC) der Serumeisengehalt und die Eisenbindungskapazität des Blutes untersucht werden. Ein Blutausstrich kann weitere Hinweise geben.

Behandlung

Die sofortige Ergänzung durch die Injektion von 200–300 mg Eisendextran pro Ferkel ist angezeigt.

Vorbeuge

Alle Hausschweine sollten vorbeugend bis zum 3. Lebenstag mit mindestens 200 mg verwertbarem Eisen versorgt werden. Die Injektion subkutan in die Kniefalte oder intramuskulär in die Halsmuskulatur hat sich bewährt. In den ersten Lebensstunden können entsprechend zugelassene Eisenpräparate auch oral verabreicht werden, aber eine Wiederholungsbehandlung etwa um den 10. Lebenstag ist unbedingt erforderlich. Auch bei der Injektionsbehandlung kann besonders bei frohwüchsigen und besonders gut entwickelten Tieren eine zweite Behandlung in der 2.–3. Lebenswoche notwendig sein.

Verlauf und Ausgang

Bei frühzeitigem Erkennen kann die Eisenmangelanämie schnell und ohne bleibende Schäden behoben werden. In der heutigen Schweinehaltung ist die vorbeugende Eisengabe gute fachliche Praxis.

6.10 Eperythrozoonose

Symptome

Schweine aller Alterstufen können von der Erkrankung betroffen sein, deren Ausbruch durch Belastungssituationen, andere Erkrankungen oder zootechnische Maßnahmen begünstigt wird. Die Eperythrozoonose wird bei Saug- und Absetzferkeln häufig klinisch sichtbar, während ältere Tiere oft latent infiziert sind. Im akuten Stadium zeigen betroffene Tiere hohes Fieber, Blässe, Teilnahmslosigkeit und Atemnot. Bei einzelnen Tieren kann sich eine Gelbsucht (Ikterus) entwickeln. Anfänglich fällt dabei bei blassen Ferkeln nur eine leichte Gelbfärbung an den Konjunktiven auf, während in schwerwiegenden Fällen der gesamte Tierkörper gelb gefärbt erscheint. Bei der chronischen Form der Erkrankung dominieren Blässe und Kümmern. Häufig sind die Extremitäten, insbesondere die Ohrränder und die Schwanzspitzen, schlecht durchblutet, was durch blaue Verfärbungen (Zyanosen) oder das Absterben von Gewebe (Nekrose) erkennbar wird (s. u.: Schwanzspitzennekrose und Ohrrandnekrose).

Ursachen

Der zu den Rickettsien gehörende Erreger *Mycoplasma suis* wird durch orale Aufnahme oder direkten Eintrag ins Blut, z. B. über verschmutzte Injektionskanülen, übertragen. Im Blutkreislauf siedelt er sich auf den roten Blutkörperchen

Abb. 31 Kümmerndes und blasses Läuferschwein durch Eperythrozoonose.

an und führt zu ihrer Zerstörung, so dass eine akute Hämolyse die Folge sein kann. Durch den vermehrten Abbau des roten Blutfarbstoffes entsteht dann häufig eine Gelbsucht. Oft sind Tiere infiziert, ohne dass deutlich sichtbare Krankheitsanzeichen auftreten.

Diagnose

Im akuten Stadium ist das hämolytische Blut wässrig und lackfarben. Die Erreger können im Blutausstrich auf den roten Blutkörperchen nachgewiesen werden, kulturell im Rahmen einer Routinediagnostik jedoch nicht angezüchtet werden. In Speziallaboren sind serologische Untersuchungen und DNA-Tests möglich. In der Vergangenheit wurde das Blut verdächtiger Tiere entmilzten Tieren verabreicht. Diese entwickelten dann nach 3–20 Tagen einen akuten Krankheitsschub, so dass die Erreger im Blutausstrich entdeckt werden konnten. Eine Eisenmangelanämie, chronische Magengeschwüre und andere Ursachen für Blutverluste und Leberschädigungen, die ähnliche Symptome hervorrufen können, sollten ausgeschlossen werden.

Behandlung

Durch eine antibiotische Behandlung mit Tetrazyklinen können im akuten Stadium oder in Belastungssituationen die Erreger bekämpft werden. Zusätzliche Eisengaben sind für die Blutneubildung förderlich. Eine Erregerfreiheit kann aber auch durch intensive antibiotische Behandlungen nicht erreicht werden.

Vorbeuge

Eine Infektion mit dem Erreger über kontaminiertes Blut muss verhindert werden. Ein Risiko für eine Erregerübertragung stellen im Rahmen des Gesundheitsmanagements und der Zootechnik routinemäßig durchgeführte Maßnahmen dar. Nachgeburtsreste, Schwanzspitzen oder Hodengewebe, das nach Kastration anfällt, sollten unschädlich beseitigt werden. Für Impfmaßnahmen sollten saubere und desinfizierte Kanülen oder Einwegmaterialen verwendet werden. Zumindest wurfweise sollten die Nadel oder das Kastrationsbesteck gewechselt werden. Für das Kürzen der Schwänze sind Heißschneidegeräte zu empfehlen.

Verlauf und Ausgang

Die akute Verlaufsform der Erkrankung tritt eher selten auf. Bei der latenten Infektion ist die Erkrankung nur schwer zu erkennen, da das Krankheitsbild oft durch andere Infektionskrankheiten überdeckt wird. Oft sind die einzigen Symptome, dass Aufzuchtferkel im Wachstum unausgeglichen und die Verluste erhöht sind.

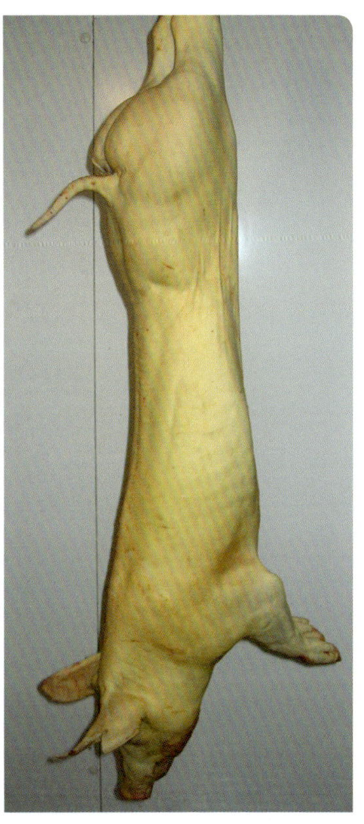

Abb. 32 Gelbsucht bei einem geschlachteten Schwein.

7 Schwanz

7.1 Schwanznekrosen

Symptome

Schon bei wenige Stunden alten Saugferkeln können Hautläsionen am oberen Schwanzdrittel sichtbar werden. Ob dies die Folge oder die Ursache für eine Durchblutungsstörung ist, die nach wenigen Tagen zum Absterben des Schwanzes führt, ist nicht abschließend geklärt. Der nekrotische Schwanzbereich ist schwarz verfärbt und fällt in der Regel von selber ab. Das Allgemeinbefinden der Ferkel ist kaum gestört.

Ursachen

Mykotoxikosen (s. u.) werden als Ursache diskutiert, aber in Tierversuchen konnte das Krankheitsbild nicht eindeutig

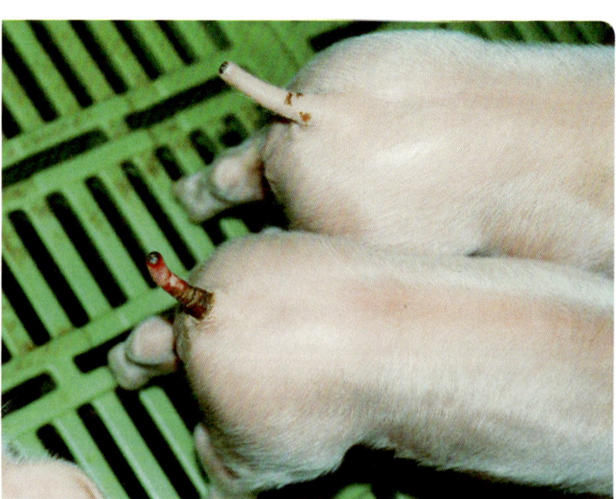

Abb. 33 Bei einer Nekrose wird das Schwanzende schwarz und fällt ab.

reproduziert werden. Mechanische Reizungen durch raue Stallböden, verstärktes Anrüsten bei Milchmangel der Sau oder bei Grätscherferkeln werden ebenfalls diskutiert. Auch Infektionskrankheiten, wie die Eperythrozoonose, können zu einer Minderdurchblutung der Extremitäten führen. Bei dieser Erkrankung wären jedoch eher die Aufzuchtferkel betroffen.

Diagnose

Die typischen Schwanzveränderungen erlauben eine eindeutige Diagnose. Durch Abkleben der Schwänze bei neugeborenen Ferkeln kann möglicherweise eine verstärkte mechanische Reizung verhindert werden.

Behandlung

Eine direkte Behandlung ist selten notwendig. In Einzelfällen können Wunddesinfektionsmittel oder eine allgemeine Antibiose verabreicht werden, um aufsteigenden Wundinfektionen vorzubeugen.

Vorbeuge

Die Futterqualität sollte überprüft und eine Belastung mit Mykotoxinen ausgeschlossen werden.

Verlauf und Ausgang

Nachdem die betroffenen Schwänze abgefallen sind, heilen die Wunden in der Regel problemlos ab.

7.2 Kannibalismus

Unter Kannibalismus wird das gegenseitige Bekauen und fortgesetztes Beißen der Schweine untereinander bezeichnet. Es muss von den physiologischerweise auftretenden Rangordnungskämpfen abgegrenzt werden.

Symptome

Von Kannibalismus sind häufig die Schwanzenden betroffen. Derzeit werden drei Formen des Schwanzbeißens un-

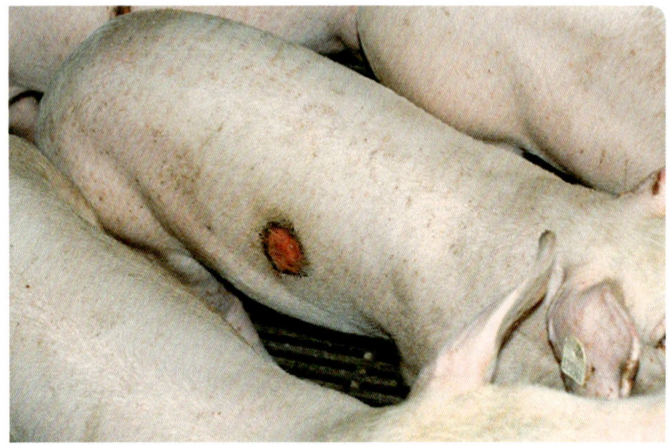

Abb. 34 Bissverletzungen an der Flanke.

terschieden: 1. das zweiphasige Schwanzbeißen, bei dem der Schwanz zunächst spielerisch manipuliert und erst in der zweiten Phase gezielt angefressen wird, 2. das heftige, zielgerichtete Schwanzbeißen und 3. das als eher zwanghaft eingestufte Beißen, für das keine konkrete Motivation zu bestehen scheint. Kommt es zum Verlust des gesamten Schwanzes, können Wundinfektionen gehäuft zu aufsteigenden Entzündungen im Wirbelkanal und im Rückenmark führen, so dass Tiere durch Querschnittslähmungen zum Festliegen kommen.

Kannibalistisches Verhalten zielt auch auf Ohrränder und -spitzen und kann ebenfalls mit dem Verlust ganzer Ohren einhergehen. Aufsteigende Infektionen können Mittel- oder Innenohrentzündungen zur Folge haben.

Bissverletzungen werden häufig auch im Bereich der Flanken beobachtet, die bis zu Handtellergröße erreichen können. Je nach Fortschreiten der Bissverletzungen ist das Allgemeinbefinden der Tiere mehr oder weniger stark gestört. Die Erkrankung tritt vor allem in Ferkelaufzucht- und Mastbetrieben auf. Manchmal sind nur Einzeltiere betroffen, häufig breitet sich das Krankheitsgeschehen jedoch seuchenartig innerhalb kurzer Zeit in einer Tiergruppe oder sogar im ganzen Bestand aus.

Ursachen

Kannibalismus kann unterschiedlichste Ursachen haben, die ein gestörtes Verhaltensmuster nach sich ziehen. Zu den Hauptrisikofaktoren zählen ein schlechter Bestandsgesundheitsstatus und jede Form von Stress und Belastungen, aber auch ein Mangel an bestimmten Ressourcen, wie z. B. Liegefläche, Wasser oder Beschäftigungsmaterialien. In betroffenen Ferkel- oder Mastgruppen können oft unterentwickelte Ferkel als Beißer identifiziert werden. Weitere mögliche Auslöser für die Erkrankung sind eine hohe Belegdichte, schlechtes Stallklima, Mykotoxinbelastung des Futters oder latente Infektionskrankheiten. Ein Teufelskreis wird in Gang gesetzt, wenn die Schweine aufgrund einer geminderten nervalen Versorgung oder Durchblutung das regelmäßige Bekauen nicht als störend, sondern sogar als angenehm empfinden. Auftretende Blutungen animieren dann weitere Tiere zum Zubeißen, so dass sich das Opfer kaum noch zur Wehr setzen kann. Sobald im Zusammenhang mit der Wundheilung Juckreiz einsetzt, wird ein Bekauen wieder als angenehm empfunden und geduldet.

Diagnose

Die Diagnose kann in der Regel eindeutig gestellt werden, aber die Identifizierung der Ursachen und der Risikofaktoren ist sehr schwierig.

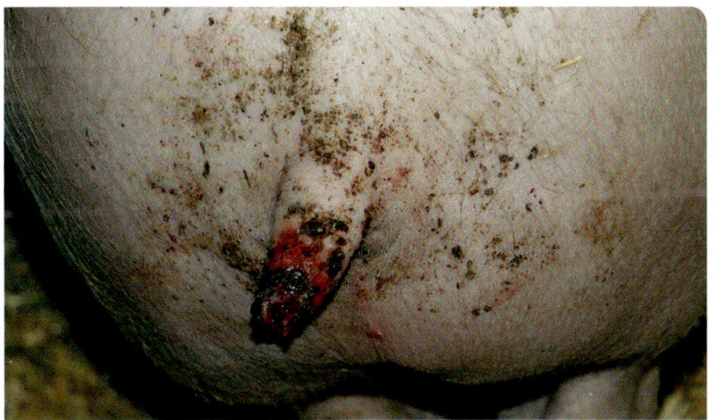

Abb. 35 Bei Kannibalismus wird häufig der Schwanz von anderen Schweinen abgefressen.

Behandlung

Wenn bestimmte Schweine als Beißer identifiziert werden können, müssen sie abgesondert und einzeln aufgestallt werden. In manchen Fällen kann auch eine Umstallung der gesamten Gruppe Besserung bringen. Durch den Einsatz von lokalen Wunddesinfektionsmitteln können Infektionen reduziert werden. Spezialmittel, die geschmacklich abstoßend wirken und ein weiteres Bekauen verhindern sollen, sind am Markt erhältlich. Aufsteigende Wundinfektionen sollten parenteral antibiotisch behandelt werden, um eine Allgemeininfektion zu verhindern. In manchen Fällen führten Zulagen von Viehsalz oder Magnesiumoxid, bei ausreichender Wasserversorgung, zu einer Besserung.

Vorbeuge

Risikofaktoren sollten bestandsindividuell analysiert und möglichst abgestellt werden. Stresssituationen sollten auf ein Mindestmaß reduziert werden. Günstig wirken sich meist eine Verringerung der Belegdichte und eine Optimierung der Lüftung aus. Kritische Faktoren des Stallklimas sind große Temperaturschwankungen, hohe Schadgasgehalte und Zugluft. In einer reizarmen Umgebung sollte den Schweinen ausreichend Beschäftigungsmaterial angeboten werden. Am effektivsten ist der Einsatz von Stroh, aber auch verformbare Materialien aus Holz oder Gummi, die sich ausreichend bewegen lassen, haben sich bewährt. Eine Befestigung dieser Materialien wenige Zentimeter über dem Boden an hängenden Ketten, oder besser noch an Kettenkreuzen, Wippen oder Drahtseilen ist zu empfehlen. Dennoch tritt es immer wieder auf. So hat sich in der konventionellen Schweinehaltung das Kupieren der Schwänze bereits beim Saugferkel bewährt.

Verlauf und Ausgang

Wenn es sich um Einzeltiererkrankungen handelt, bringt die Einzelaufstallung des Opfers aber auch die des Beißers eine schnelle Besserung und beugt einem seuchenhaften Ausbruch vor. Wenn die Erkrankung gehäuft auftritt und mehrere Gruppen betroffen sind, können die wirtschaftlichen Schäden enorm sein, da es zu vermehrten Todesfällen kommt, die Tiere im Wachstum zurückbleiben und sich die Ferkel schlechter vermarkten lassen.

7.3 Afterlosigkeit

Bei 2–3 % der Saugferkel werden angeborene Miss- und Fehlbildungen festgestellt. Neben den Missbildungen an den Geschlechtorganen tritt die Afterlosigkeit am häufigsten auf.

Symptome

Betroffenen Tieren fehlt der Darmausgang, so dass ein Kotabsatz nicht möglich ist. Bei reiner Milchaufnahme in den ersten Tagen fällt diese Missbildung häufig noch nicht auf, da nur geringe Mengen Kot gebildet werden, die sich im blind endenden Darm anschoppen. In den folgenden Wochen nimmt der Bauchumfang deutlich zu, während das Ferkel insgesamt im Wachstum zurückbleibt und das Allgemeinbefinden geringgradig gestört erscheint. Häufig verenden die Tiere erst nach dem Absetzen.

Ursachen

Die Ursache dieser Missbildung ist nicht eindeutig geklärt, aber eine genetische Prädisposition scheint an der Entstehung beteiligt zu sein.

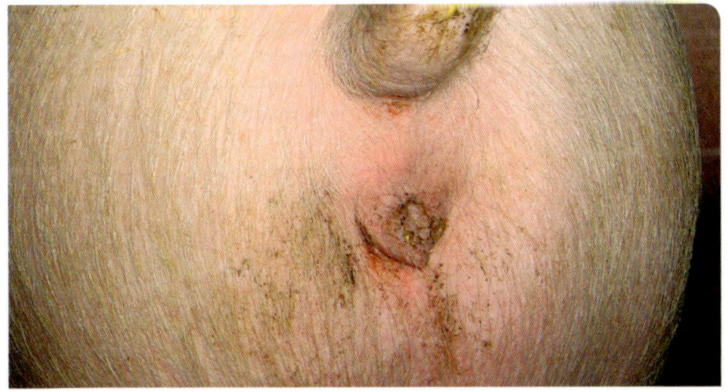

Abb. 36 Eine Afteröffnung ist nicht vorhanden.

Abb. 37 Betroffene Ferkel können eine gewisse Zeit überleben, aber der Bauch wird immer dicker.

Diagnose

Die Diagnose ist eindeutig. Afterlosigkeit kann mit anderen, ähnlichen Krankheitsbildern verwechselt werden. So kann beispielsweise zwar ein After vorhanden sein, jedoch ein Stück des Enddarms fehlen. Bei weiblichen Tieren wird bisweilen eine Verbindung zwischen Darm und Scheide beobachtet, so dass ein Kotabsatz mitunter möglich ist.

Behandlung

In Einzelfällen kann operativ eine Darmöffnung angelegt werden. Dieser Eingriff ist aus wirtschaftlichen Gründen nicht zu empfehlen.

Vorbeuge

Falls bei Nachkommen bestimmter Zuchttiere diese Missbildungen häufiger auftreten, sollten sie von der Zuchtnutzung ausgeschlossen werden.

Verlauf und Ausgang

Afterlosigkeit ist unheilbar, so dass betroffene Tiere so früh wie möglich ausselektiert werden sollten.

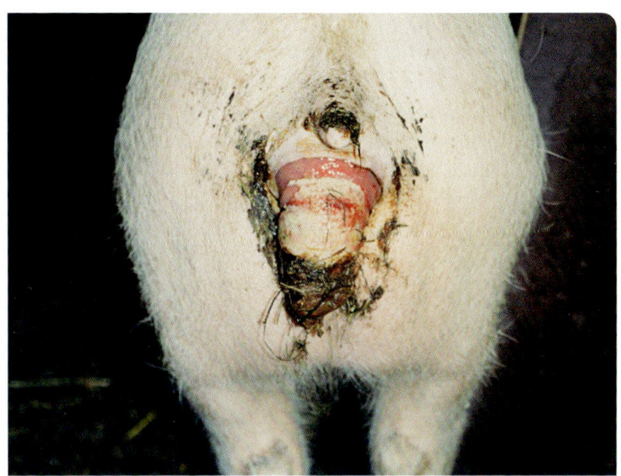

Abb. 38 Der Mastdarm ist vorgefallen und das Gewebe ist bereits nekrotisch verändert.

7.4 Mastdarmvorfall, Prolaps ani

Ein Mastdarmvorfall wird am häufigsten bei Mastschweinen und Zuchtsauen beobachtet.

Symptome

Der After erscheint geweitet und der Mastdarm ist mehrere Zentimetern nach außen gestülpt, wobei eine kräftige Rötung der Schleimhaut auffällt. Zu Beginn der Erkrankung tritt dies meist nur periodisch oder im Liegen auf. Im weiteren Verlauf kommt es zur Schleimhautschwellung, so dass sich der Vorfall nicht mehr von selber zurückverlagert. Verletzungen des nach außen gestülpten Darmes durch Stöße, Tritte oder Bisse führen zu einer weiteren Schleimhautreizung mit Blutungen und Entzündungen, die vermehrtes Pressen des betroffenen Tieres nach sich zieht. Schnell treten auf der Darmschleimhaut gelbliche Fibrinauflagerungen auf, bevor sich später Schleimhautteile schwarz verfärben und absterben. Das Allgemeinbefinden der Tiere ist geringgradig gestört, solange der Kotabsatz ungestört möglich ist und die Entzündung nicht fortschreitet.

Ursachen

Bei Mastschweinen kann ein Vorfall durch Husten- oder Durchfallerkrankungen ausgelöst werden. Ebenso wird eine genetisch prädisponierende Bindegewebsschwäche diskutiert. Bei Zuchtsauen tritt die Erkrankung häufig um den Geburtszeitraum auf, da sich durch die Östrogenwirkung das Bindegewebe lockert. Oft kommt es dann gleichzeitig zum Scheidenvorfall (s. u.).

Diagnose

Die Diagnose ist eindeutig zu stellen, aber die Ursachen sollten abgeklärt werden.

Behandlung

Im frühen Stadium kann der Vorfall manuell zurückgelagert werden. Die Tiere sollten vorerst einzeln aufgestellt werden, da bei keiner weiteren Reizung der Schleimhaut eine Selbstheilung eintreten kann. Oft kann die Ursache jedoch nicht sofort abgestellt werden, so dass der Mastdarm immer wieder vorfällt. Der Anus muss dann mit einer Naht verschlossen werden, die ringförmig um den Anus herum angelegt wird (Tabaksbeutelnaht). Durch Nachkontrollen und Lösen der Naht muss der Kotabsatz gewährleistet bleiben. Bei schwerwiegenden Verletzungen und fortgeschrittenen Nekrosen des vorgefallenen Mastdarms besteht auch die Möglichkeit, diesen chirurgisch zu entfernen oder abzubinden.

Vorbeuge

Mögliche Ursachen für einen Vorfall, wie Husten oder Durchfallerkrankungen, müssen behandelt werden. Mykotoxinbelastungen mit dem Futter sollten ausgeschlossen werden. Auf ausreichend lange Schwänze bei den Ferkeln sollte geachtet werden. Betroffene Zuchtsauen sollten von der weiteren Zuchtverwendung ausgeschlossen werden.

Verlauf und Ausgang

Im frühen Stadium ist eine Ausheilung möglich, bei weiterem Erkrankungsfortschritt ist eine Therapie häufig unrentabel.

8 Gliedmaßen

8.1 MKS und Bläschenkrankheit

Die Maul- und Klauenseuche (MKS) und die Bläschenkrankheit des Schweines, sind Virusinfektionen, die vom klinischen Bild nicht zu unterscheiden sind und beide zu den anzeigepflichtigen Tierseuchen zählen. Die Maul- und Klauenseuche kann zu schwerwiegenden Erkrankungen auch bei anderen Klauentieren führen.

Symptome

Innerhalb weniger Tage nach einer Infektion zeigen die Tiere hohes Fieber über 40 °C, sind entsprechend teilnahmslos und verweigern das Futter. Am Kronsaum und

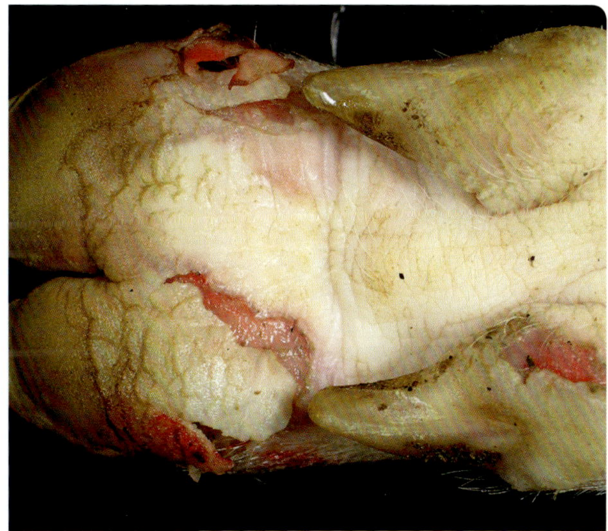

Abb. 39 Aufgeplatzte Bläschen am Kronsaum und Ausschuhen.

zwischen den Zehen, aber auch im Bereich der Rüsselscheibe und der Maulhöhle bilden sich mit klarer Flüssigkeit gefüllte Bläschen in der oberen Hautschicht. Auch an anderen Hautlokalisationen, bei säugenden Sauen vor allem am Gesäuge, können sich Bläschen bilden. Innerhalb eines Tages können die Bläschen aufplatzen, so dass die gerötete Unterhaut zum Vorschein kommt. Im weiteren Verlauf können Blutungen auftreten oder die Wunden verschorfen. Besonders wenn der Kronsaum betroffen ist zeigen die Tiere eine hochgradige Lahmheit und wollen nicht aufstehen. Fortschreitende Bläschenbildung mit Entzündung kann zu einer Ablösung des gesamten Hornschuhs, dem so genannten Ausschuhen, führen.

Bei der MKSkönnen 50–100 % der Saugferkel verenden, während bei der Bläschenkrankheit das Krankheitsbild milder verläuft.

Ursachen

Die MKS wird durch ein *Aphthovirus* und die Bläschenkrankheit durch ein *Enterovirus* verursacht, die beide zur Familie der Picornaviren gehören. Sie sind hoch ansteckend und können durch eine Tröpfcheninfektion über die Luft oder durch direkten Kontakt übertragen werden. Über die Bläschenflüssigkeit werden große Mengen der infektiösen Viren ausgeschieden. In ausgetrocknetem Zustand und bei Kühle können die Viren wochenlang überleben und bilden eine Gefahr für andere Bestände mit Klauentieren.

Diagnose

Eine klinische Unterscheidung der beiden Krankheiten ist nicht möglich. Ein Verdacht muss unverzüglich der zuständigen Behörde angezeigt werden, welche die entsprechenden Diagnostikmaßnahmen einleitet. Dazu gehören der Virusnachweis aus Bläschenflüssigkeit und der Nachweis von Serumantikörpern, die bereits fünf Tage nach einer Infektion gebildet werden.

Behandlung

Eine Behandlung ist nicht möglich. Die Tierseuchengesetzgebung regelt das Vorgehen in den infizierten Beständen und deren Umgebung. In der Regel werden Keulungen in den betroffenen Betrieben und Kontaktbetrieben angeordnet. Weiterhin werden strikte Sperrmaßnahmen und Transportverbote ausgesprochen.

Vorbeuge

Zurzeit ist Mitteleuropa frei von der MKS und der Bläschenkrankheit. Schwerpunktmäßig werden Lebendtierimporte auf beide Erkrankungen untersucht. Die Einfuhren von Lebensmittel aus Ländern, die nicht frei sind von beiden Erkrankungen, sind streng reglementiert oder sogar verboten. Kommerzielle Impfstoffe gegen MKS sind verfügbar und werden für einen akuten Ausbruch vorrätig gehalten. Zurzeit ist die Impfung verboten, um ein rechtzeitiges Erkennen eines Erregereintrages in eine naive Population zu gewährleisten. Impfmaßnahmen dürfen erst nach Anweisung der zuständigen Behörden erfolgen.

Verlauf und Ausgang

Da es sich um anzeigepflichtige Tierseuchen handelt, greifen hier die staatlichen Tierseuchenbekämpfungsmaßnahmen. Der Verlauf der Bläschenkrankheit ist deutlich milder, wird aber genauso streng reglementiert wie die MKS, um eine unerkannte Verschleppung von MKS durch Verwechselung zu verhindern.

8.2 Selenvergiftung

Plötzlich auftretende Lahmheiten können auch auf eine Vergiftung hindeuten.

Symptome

Eine erhöhte Aufnahme von Selen kann klinisch ähnlich wie bei MKS und Bläschenkrankheit eine Entzündung des Kronsaums und Ablösung des Hornschuhs, das so genannte

Ausschuhen, bedingen. Betroffene Tiere zeigen hochgradige Lahmheiten bis zum Festliegen, bei normaler oder nur geringradig erhöhter Körpertemperatur. Ebenso können motorische Ausfallerscheinungen, wie Lähmungen der Hintergliedmaßen, Futterverweigerung, Haarverlust, vermehrtes Speicheln und gelegentliches Erbrechen beobachtet werden.

Ursachen

In der Regel handelt es sich um eine Fehldosierung oder Entmischung im Futter, so dass einzelne Tiergruppen eine erhöhte Menge Selen aufnehmen und plötzlich erkranken. Bei einer Einzeltiererkrankung kann auch eine überdosierte Injektionsbehandlung mit Selen die Ursache sein.

Diagnose

Häufig ist ein zeitlicher Zusammenhang mit der Futterumstellung zu erkennen. Die anzeigepflichtigen Tierseuchen müssen ausgeschlossen werden. Die Selengehalte im Serum und in Organen können zusätzlich zu den Selengehalten im Futter bestimmt werden.

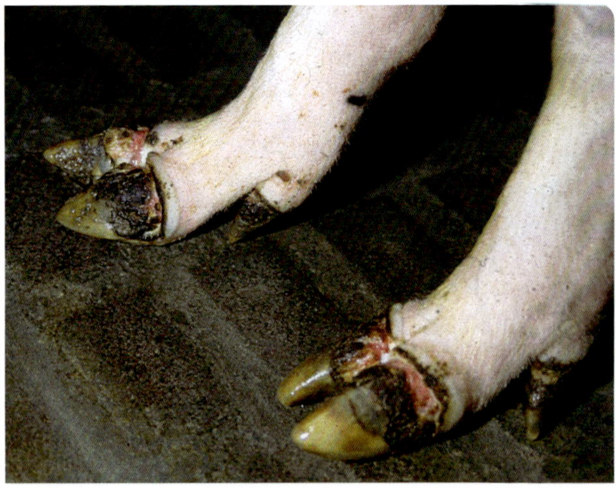

Abb. 40 Plötzliches Ausschuhen kann auf eine Selenvergiftung hinweisen.

Behandlung

Das belastete Futter muss sofort abgesetzt werden.

Verlauf und Ausgang

Bei rechtzeitigem Futterwechsel und ausreichendem Wasserangebot ist eine vollständige Ausheilung möglich.

8.3 Stallklauen

Symptome

Übermäßiges Hornwachstum bis hin zu schnabelartigen Verlängerungen der Haupt- und Afterzehen kann zu den so genannten Stallklauen führen, die besonders ausgeprägt an den äußeren Klauen der Hintergliedmaßen sind. Als Folge der Stallklauen werden die Ballen vermehrt belastet, welche die wichtige Funktion haben, Stöße beim Auftritt abzumildern und das Gewicht der Tiere zu verteilen. Reaktiv beginnt das Ballenhorn zu wuchern. Schmerzhafte Blutergüsse unter dem Ballenhorn entstehen, die eine weitere Entlastungshaltung und Fehlstellung der Klauen verstärken. Bänderapparat und Gelenke werden überlastet und Gelenksentzündungen können entstehen, was klinisch durch eine vermehrte Flüssigkeitsfüllung der Gelenke sichtbar wird. An Stallklauen bilden sich häufig Risse, Spalten und Klüfte in der Hornwand, über welche die Lederhaut gequetscht oder verletzt wird und Krankheitserreger eindringen können. Oft sind eitrige Entzündungen mit absterbendem Gewebe die Folge. Akute Klauenlederhautverletzungen sind in der Regel sehr schmerzhaft, so dass es zu hochgradigen Stützbeinlahmheiten kommt. Neben der direkten Störung des Allgemeinbefindens der Tiere durch die Schmerzen können Probleme beim Ablegen und Aufstehen der Sauen zu hohen Erdrückungsverlusten bei den Saugferkeln führen. Die langen Stallklauen können zu Gesäuge- und Zitzenverletzungen führen, die Eintrittspforten für Infektionserregerreger darstellen. Überlange Afterklauen verhaken sich häufig im Spaltenboden und können abreißen oder brechen. Klauenerkrankungen gehören zu den häufigsten

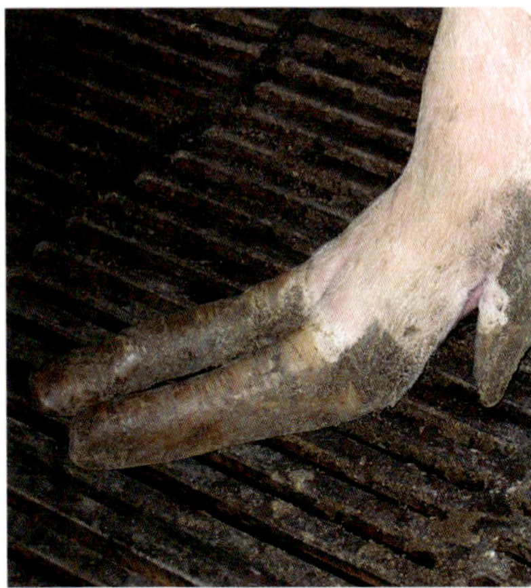

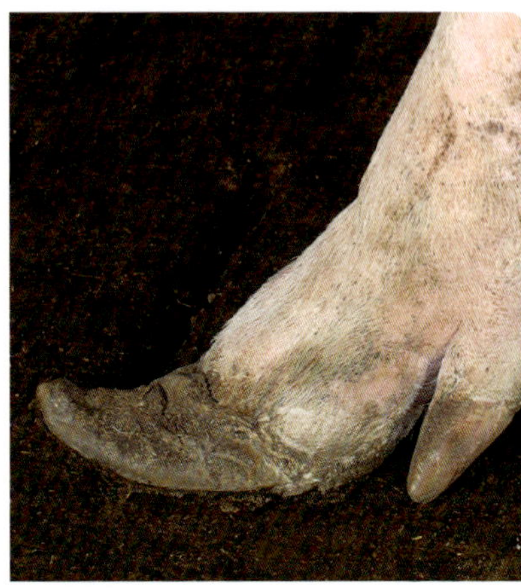

Abb. 41a+b Überlanges Klauenwachstum.

Fundamenterkrankungen bei den Sauen. Lahmheiten und ihre Folgeerscheinungen, wie Fruchtbarkeitsstörungen und Leistungsdefizite, führen zu deutlich erhöhten Abgangsraten bei den Zuchttieren.

Ursachen

Durch Fehlstellungen der Gliedmaßen, Bewegungsmangel und weiche oder glatte Stallböden wird das Klauenhorn mangelhaft abgerieben. Dadurch werden Fehlstellungen verstärkt und weiteres überschießendes Klauenwachstum begünstigt.

Behandlung

Stallklauen können durch Klauenpflege behandelt werden, die sorgfältig unter Narkose vorgenommen werden kann. Das regelmäßige Einkürzen der Klauen mit der Hufzange oder einer scharfen Astschere hat sich bewährt, wenn die Sauen entspannt in Seitenlage liegen. Bei übermäßiger Stallklauenbildung muss den Sauen mehr Bewegung auf perforierten oder planbefestigten Betonflächen mit einer geeigneten Rauhigkeit ohne weiche Unterlage ermöglicht werden.

Vorbeuge

Bei gehäufter Stallklauenbildung sollten die Jungsauenaufzucht und -haltung optimiert werden. Bei der Jungsauenselektion muss auf ein physiologisches Gangbild, eine korrekte Beinstellung sowie Winkelung und Ausbildung der Gelenke geachtet werden. Hier hat sich eine schematisierte Beurteilung, wie die lineare Beschreibung, bewährt. Die Klauen sollten gleichmäßig ausgebildet und der Zwischenklauenspalt nicht zu weit sein. Tiere mit Liegebeulen und anderen Umfangsvermehrungen im Bereich der Gliedmaßen müssen von der Zucht ausgeschlossen werden, da Auftreibungen an Gelenken und Beinen auf eine Überlastung, bzw. Knochenreizung oder Gelenksentzündung hindeuten können. Fehler in der Jungsauenaufzucht können für das Auftreten von Klauenschäden im späteren Lebensalter mitverantwortlich sein. Eine lange Aufstallung der Jungsauen auf Kunststoffböden kann zu einem verringerten Klauenabrieb und in der Folge fehlerhaften Beinstellungen führen. Harte Bodenoberflächen dagegen können Auftreibungen an Gelenken und Beinen verursachen.

Die Qualität der Fußbodengestaltung hat einen entscheidenden Einfluss auf die Fundamentgesundheit. Sowohl auf planbefestigten Böden mit oder ohne Einstreu als auch auf Spaltenböden können Klauenerkrankungen auftreten. Nicht nur die Bodenbeschaffenheit, sondern auch andere betriebsspezifische Einflüsse, wie z. B. eine Gruppenhaltung mit heftigen Rangordnungskämpfen, können die Art und die Häufigkeit von Klauenschäden beeinflussen.

Verlauf und Ausgang

Bei übermäßigem Klauenwachstum muss in erster Linie die Fußbodenbeschaffenheit überprüft werden. Klauenpflegemaßnahmen müssen durchgeführt werden, da ansonsten Verletzungen, Sekundärinfektionen und schwerwiegende Lahmheiten die Folge sein können.

8.4 Panaritium

Symptome

Eine Entzündung des Kronsaums oberhalb der Klauen äußert sich durch Schwellung, starke Schmerzhaftigkeit und Stützbeinlahmheit. Verletzungen können sichtbar sein. Bei einem fortgeschrittenen Panaritium kann Eiter austreten.

Ursachen

Durch mechanische Einwirkung wird der empfindliche Kronsaum geschädigt.

Diagnose

Im Anfangsstadium einer verletzungsbedingten Kronsaum- oder Lederhautentzündung ist nur die Oberfläche betroffen, es liegt ein oberflächliches Panaritium vor, das spontan ausheilen kann. Beim weiter fortgeschrittenen Krankheitsstadium des tiefen Panaritiums hat sich die eitrige Entzündung bereits auf Kronbein und Klauenbestandteile ausgedehnt und Gewebe ist bereits untergegangen. Der Kron-

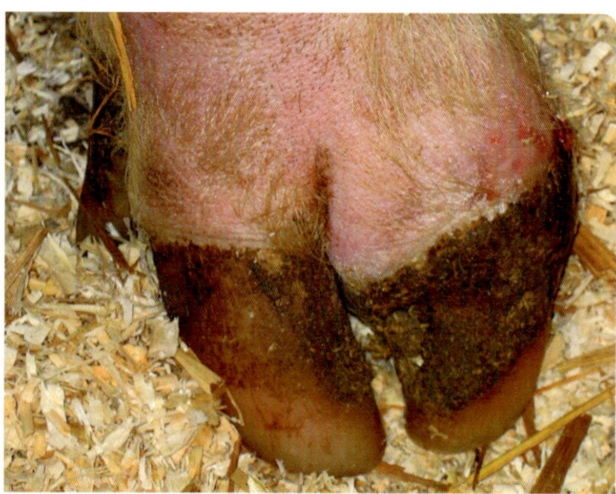

Abb. 42 Der Kronsaum ist geschwollen und gerötet.

saumbereich ist vermehrt geschwollen und häufig sind eine oder mehrere Fistelöffnungen sichtbar, aus denen sich übelriechendes Sekret entleert.

Behandlung

Nach einer Untersuchung und Diagnosestellung durch den Hoftierarzt kann eine rechtzeitige parenterale und gegebenenfalls auch lokale antibiotische Behandlung die Heilung unterstützen. Wird nicht ausreichend lange und ausreichend hochdosiert behandelt, kann sich die Lahmheit zunächst anfangs bessern, aber ohne dass im tiefen Gewebe die Infektion vollständig ausheilt. Bei einem fortgeschrittenen tiefen Panaritium ist eine Behandlung nur zur Überbrückung der Abferkelperiode gerechtfertigt, denn das erkrankte Tier sollte so bald wie möglich getötet werden. Eine weitere Zuchtnutzung ist nicht zu empfehlen.

Vorbeuge

Bei einem gehäuften Auftreten von Panaritien muss die Optimierung der Haltung im Vordergrund stehen. Unebene Oberflächen sollten befestigt und Verletzungsmöglichkeiten (scharfe Kanten, Verschraubungen an ungünstigen Stellen etc.) ausgeschlossen werden. Vor der ersten Belegung in Neubauten sollte die Qualität der Bodenbeläge und die ordnungsgemäße Verlegung der Bodenelemente überprüft werden. Betongrate an den Spalten werden mit einer Flex oder einer Eisenstange entfernt. Besonders bei der Gruppenhaltung von Sauen ist es wichtig, dass die Tiere über einen längeren Zeitraum beobachtet werden, um ihr Verhalten in den einzelnen Bereichen des Stalles beurteilen zu können und so mögliche Verletzungsursachen ermitteln zu können.

Verlauf und Ausgang

Bei einem oberflächlichen Panaritium besteht eine günstige Heilungsprognose, während ein tiefes Panaritium meist unheilbar ist.

8.5 Gelenksentzündung

Symptome

Schon bei wenige Tage alten Saugferkeln können Gelenksentzündungen (Arthritiden) auftreten. Gehäuft findet sich das Krankheitsbild bei älteren Saug- und Absetzferkeln, aber auch Mast- oder Zuchtschweine können betroffen sein. Eine vermehrte Füllung der Gelenke und Lahmheiten sind deutlich erkennbare Symptome, die besonders bei Erkrankungen der mittleren Gelenke der Hinter- (Tarsalgelenke) und Vordergliedmaßen (Karpalgelenke) ins Auge fallen. Bei einer fortgeschrittenen Entzündung ist auch die Gelenksumgebung betroffen, so dass eine vermehrte Rötung zu sehen und eine Erwärmung der Gelenke zu fühlen ist. Betroffene Tiere versuchen die Gliedmaßnahmen zu schonen, liegen viel und lassen sich nur mit Mühe auftreiben. Sind die unteren (distalen) Gelenke betroffen, ist häufig eine Stützbeinlahmheit sichtbar. Sind die oberen (proximalen) Gelenke betroffen, kann eine Hangbeinlahmheit oder eine gemischte Lahmheit überwiegen. Bei Allgemeininfektionen sind häufig mehrere Gelenke und auch mehrere Tiere einer Alters- oder Nutzungsgruppe betroffen. Die Körpertemperatur ist häufig erhöht und das Allgemeinbefinden gestört. Im weiteren Verlauf können die Tiere im Wachstum zurückbleiben, das Haarkleid wird struppig und das Allgemeinbefinden ist hochgradig gestört. Bei Saugferkeln lässt sich häufig gleichzeitig auch eine Nabelentzündung (s. o.) diagnostizieren.

Ursachen

Mechanische Einwirkungen, wie z. B. Verletzungen, Fehlbelastungen durch Gelenksfehlstellungen, ungewohnte Belastungen durch beispielsweise Umstallen oder in der Rausche, können zu Gelenksentzündungen führen. In der Regel sind in diesen Fällen nur Einzeltiere und einzelne Gelenke betroffen. Bei Saug- und Absetzferkeln werden Gelenksentzündungen häufig durch Infektionserreger, wie z. B. Streptokokken, *Haemophilus parasuis* und Mykoplasmen verursacht. Bakteriologischen Untersuchungen ergeben mitunter

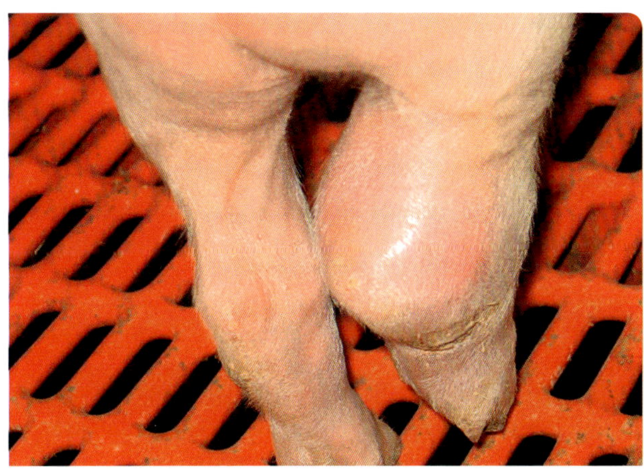

Abb. 43 Die Gelenke sind stark verdickt.

auch die Beteiligung von eher unspezifischen Erregern, wie *E. coli*, Staphylokokken und Eitererregern. Je nach den beteiligten Erregern und dem Krankheitsverlauf kann die Gelenksflüssigkeit klar, trübe oder sogar eitrig sein.

Diagnose

Bei vermehrten Lahmheiten müssen die Gelenke sorfältig abgetastet werden. Durch eine Gelenkpunktion kann die Gelenksflüssigkeit beurteilt werden und eine weiterführende bakteriologische Untersuchung kann Aufschluss über beteiligte Erreger geben.

Behandlung

Durch eine frühzeitige antibiotische Behandlung können beteiligte Infektionserreger bekämpft werden. Entzündungshemmende Medikamente lindern Schmerzen und dämmen die Entzündung ein.

Vorbeuge (siehe auch Panaritium und Streptokokken)

Bei einem gehäuften Auftreten von Lahmheiten sollte im Stallbereich auf Verletzungsmöglichkeiten für die Tiere geachtet werden. Unregelmäßig verlegte Spaltenböden und scharfe Betongrate bei neuen Böden müssen korrigiert oder beseitigt werden.

Auf alten, rauen Betonböden kommt es häufig bei den Saugferkeln zu Haut- und Gelenksverletzungen, die Eintrittspforten für Erreger darstellen. Kurzfristig kann hier mit speziellen Matten, Teppichresten, Kunstrasen o. ä. für die Ferkel Abhilfe geschaffen werden. Im Liegebereich der Ferkel kann der Einsatz von Wasserbetten den Anteil der Hautverletzungen reduzieren. In alten Ställen hat sich auch ein regelmäßiger Kalkanstrich bewährt. Aber nicht immer ist der Fußboden schuld! Bei Milchmangel der Sauen rüsten die Ferkel die Sau häufig sehr heftig, ergebnislos an und es kommt zu Hautabschürfungen im Bereich der Gliedmaßen mit nachfolgenden Gelenksentzündungen. Beste Vorbeugemaßnahme ist daher die Beseitigung der Ursachen für den Milchmangel bei der Sau und eine Vorbeugung von MMA.

Verlauf und Ausgang

Im Frühstadium kann eine bakterielle Gelenksinfektion durch antibiotische Therapie behandelt werden. Häufig werden Gelenksentzündungen jedoch zu spät erkannt. Ist die Entzündung bereits eitrig, die Gelenksumgebung derb verändert und sind mehrere Gelenke betroffen, ist mit einer Wachstumsdepression zu rechnen und eine wirtschaftliche Haltung nicht mehr möglich.

8.6 Arthrose

Arthrosen entstehen häufig als Folge von Gelenksentzündungen und Gliedmaßenfehlstellungen, wobei die Übergänge zwischen Arthritis und Arthrose fließend sind. Bei der Arthrose handelt es sich um chronische Gelenksveränderungen mit Zerstörungen und Neubildungen an den knorpeligen und knöchernen Anteilen der Gelenke, von denen vor allem Mast- und Zuchtschweine betroffen sind. Bei Zuchttieren wird auch vom Beinschwächesyndrom gesprochen.

Abb. 44 Chronische Gelenksveränderungen mit derben Schwellungen und Liegebeulen.

Symptome

Umfangsvermehrungen der Gelenke können zu sehen oder zu fühlen sein, wobei akute Entzündungssymptome, wie vermehrte Wärme oder Rötung, meist fehlen. Häufig sind derbe Zubildungen in der Gelenksumgebung oder Liegeschwielen zu palpieren. Das Allgemeinbefinden der Tiere ist nur geringgradig gestört, obwohl Lahmheiten unterschiedlicher Schweregrade zu beobachten sind. Manche Tiere können nur mit Mühe stehen und liegen viel. Die Körpertemperatur liegt in der Regel im Normalbereich.

Ursachen

Neben primären Gelenksentzündungen sind Fehlbelastungen als Hauptursache für die Entstehung von Arthrosen zu nennen. Fehlerhafte Gliedmaßenstellungen und mangelhafter Klauenabrieb (s. o.) sind typische Ursachen. In den letzten Jahren war der Muskelzuwachs mit einer stetigen Verbesserung der täglichen Zunahmen ein primäres Ziel in der Schweinezucht, das gleichzeitig zu einer höheren Belastung für das Skelettsystem vor allem bei Sauen und Ebern führte.

Diagnose

Die sorgfältige Beobachtung der Bewegungsabläufe und das Abtasten der Gelenke führen zur Diagnose. Zusätzliche diagnostische Maßnahmen wären Röntgenuntersuchungen und die Beurteilung eröffneter Gelenke bei Sektionen oder Probeschlachtungen.

Behandlung

Gelenksentzündungen sollten frühzeitig behandelt werden und die Ursachen für ihr Auftreten abgestellt werden. Durch die Gabe von Schmerzmittel kann eine kurzfristige Linderung erreicht werden, um z. B. bei tragenden Tieren die Zeit bis zum Abferkeltermin zu überbrücken.

Vorbeuge

Bei der Aufzucht von Zuchttieren muss das Muskelwachstum gebremst werden, indem auf mäßige Tageszunahmen geachtet wird. Das Skelettsystem muss genügend Zeit zur Entwicklung haben, um einer Überbelastungen vorzubeugen. Bei der Zuchttierselektion müssen ein physiologischer Bewegungsablauf, eine korrekte Beinstellung sowie Winkelung und Ausbildung der Gelenke berücksichtigt werden und tägliche Zunahmen und Fruchtbarkeit dürfen als Bewertungskriterien nicht dominieren. Die Nähr- und Mineralstoffversorgung, v.a. die Versorgung mit Phosphor, muss dem Bedarf der Aufzuchttiere angepasst werden.

Verlauf und Ausgang

Bei chronischen Gelenksveränderungen entstehen häufig irreparable Arthrosen. Zur Vorbeuge muss besonders auf die Genetik und Aufzucht der Zuchttiere geachtet werden.

8.7 Grätscherferkel

Bei den Grätscher- oder Spreizerferkeln handelt es sich um eine Erkrankung der frisch geborenen Saugferkel.

Symptome

Erkrankte Ferkel sind nicht in der Lage ihre Gliedmaßen zu benutzen. Insbesondere die Hintergliedmaßen sind betroffen und spreizen oder grätschen auseinander, so dass die Ferkel ohne Hilfe nicht stehen können. Häufig werden die Gliedmaßen hinterher gezogen. Nach wenigen Stunden ist die Haut an der Schwanzunterseite, im Scheiden- und Anusbereich und an den betroffenen Beinen aufgeschürft. Untertemperatur ist häufig ein begleitendes Symptom, was das Krankheitsbild durch zunehmende Schwäche noch verstärkt. In schweren Fällen können auch Hinter- und Vordergliedmaßen betroffen sein, so dass trotz Hilfe weder Stehen noch Fortbewegung möglich und die Erdrückungsverluste erhöht sind. Ferkel, die nicht in der Lage sind, Milch aufzunehmen, verenden innerhalb weniger Stunden bis Tage.

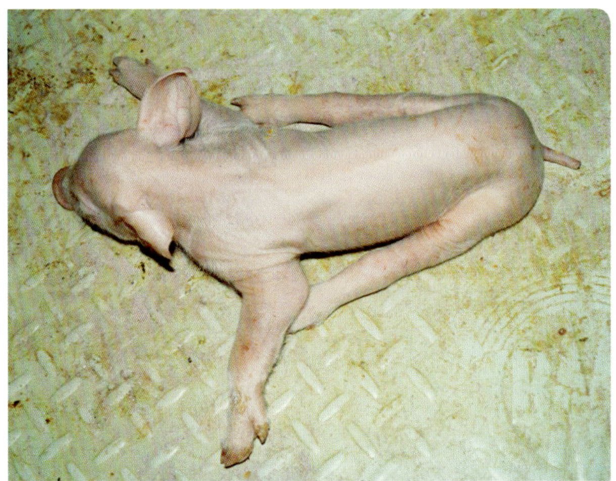

Abb. 45 Das Grätschen macht ein Stehen ohne Hilfe unmöglich .

Ursachen

Verschiedene Ursachen für eine dem Erkrankungsbild zugrunde liegende Unausgereiftheit der Gliedmaßenmuskulatur werden diskutiert. Frühgeburten stellen ein erhöhtes Erkrankungsrisiko dar, aber es werden ursächlich auch Virusinfektionen und Mykotoxine sowie eine nutritive Unterversorgung der Sauen mit essentiellen Aminosäuren wie Methionin oder Cholin diskutiert. Eine genetisch bedingte Anfälligkeit scheint vorzuliegen. Insgesamt geht man von einem multifaktoriellen Geschehen aus, da ein niedriges Geburtsgewicht, Stress und Erkrankungen des Muttertieres sowie ein rutschiger Boden, das Auftreten der Erkrankung fördern können.

Diagnose

Aufgrund des klinischen Erscheinungsbildes ist die Diagnose nahezu eindeutig. Eine unzureichende Milchaufnahme und Auskühlung der Ferkel sollte vermieden werden.

Behandlung

Wenn nur die Hintergliedmaßen betroffen sind, kann das Stehvermögen der Ferkel durch das Anbringen von Klebestreifen oder speziellen Bändern unterhalb der Hinterfußwurzelgelenke (Vergrittungsgeschirr) deutlich verbessert werden.

Vorbeuge

Die Optimierung der Sauenfütterung steht im Vordergrund. Stress und Erkrankungen der tragenden Tiere müssen vermieden werden.

Verlauf und Ausgang

Wenn die Saugferkel sich so ausreichend bewegen können, dass eine regelmäßige Milchaufnahme möglich ist und das Ferkelnest aufgesucht werden kann, ist die Prognose für eine Ausheilung günstig. Falls auch die Vordergliedmaßnahmen betroffen sind, kann eine Besserung des Krankheitsbildes auch mit Ausbinden der Beine oder Abkleben der Hautveränderungen in der Regel nicht erreicht werden. Die Heilungsaussichten sind gering.

8.8 Epiphyseolysis/Apophyseolysis

Hierbei handelt es sich um Erkrankungen der heranwachsenden Schweine. Bei der Epiphyseolysis sind meistens Jungeber und bei der Apophyseolysis häufig Jungsauen betroffen.

Symptome

Plötzlich auftretende, hochgradige Lahmheiten sind ein erster Hinweis auf diese Krankheitsbilder. Es können eine, aber auch beide Hintergliedmaßen betroffen sein. Die Gliedmaßen werden kaum belastet und nur unter starken Schmerzen bewegt. In vielen Fällen können die Tiere mit Unterstützung stehen. Bei der Apophyseolysis kann in der Ansicht von hinten ein Absacken der langen Sitzbeinmuskeln sichtbar sein, das als „Reithosenphänomen" bezeichnet wird. Die betroffene Gliedmaße kann nur unvollständig gebeugt werden.

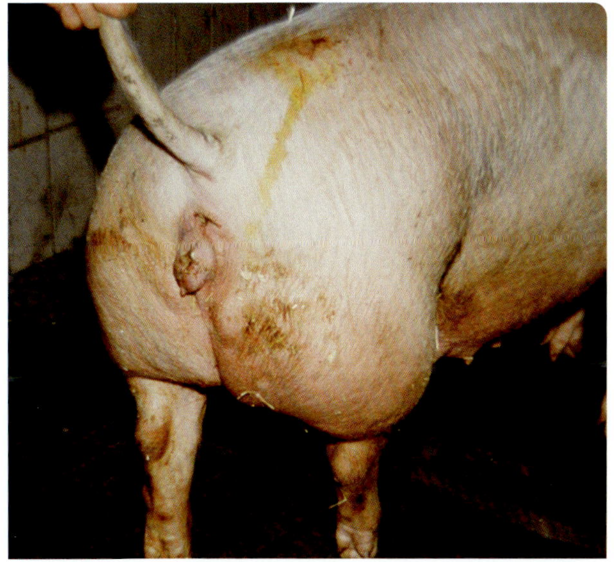

Abb. 46 Absacken der langen Sitzbeinmuskulatur bei Apophyseolysis (rechts).

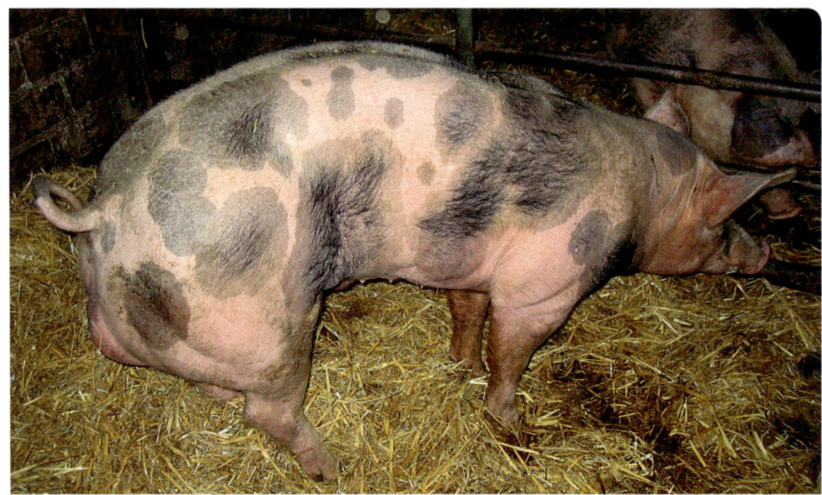

Abb. 47 Hochgradige Lahmheit durch Epipyhseolysis.

Ursachen

Bei der Epiphyseolysis hat sich der Oberschenkelkopf in der Wachstumsfuge vom Knochen abgelöst. Die Apophyseolysis bezeichnet die Ablösung des Sitzbeinhöckers in der Wachstumsfuge vom Becken, wodurch die lange Sitzbeinmuskulatur ihren festen Ansatzpunkt verliert. Für beide Erkrankungen besteht eine genetische Veranlagung, da ihre Entstehung durch ausgeprägtes Muskelwachstum begünstigt wird. Konkrete Hinweise auf eine Mineralstoffmangelerkrankung liegen in der Regel nicht vor. Ein vermehrtes Auftreten der Epipyseolysis bei Jungebern lässt einen Zusammenhang mit den männlichen Geschlechtshormonen vermuten, kann aber auch sekundär auf das starke Muskelwachstum und die Ausübung des Deckaktes, die beide zu einer vermehrten Belastung der Epipyhsen führen, zurückgeführt werden. Die Apopyhseolysis tritt dagegen eher bei Jungsauen zum Ende der ersten Trächtigkeit oder um den Geburtszeitpunkt herum auf. Vermutlich wirken erhöhte Östrogenkonzentrationen prädisponierend für eine Ablösung des Sitzbeinhöckers.

Diagnose
Aufgrund des klinischen Bildes kann eine Verdachtsdiagnose geäußert werden. Mitunter sind Reibegeräusche der Knochen zu hören oder zu fühlen. Unterstützend können für die Diagnosestellung nur aufwendige Röntgenaufnahmen durchgeführt werden.

Behandlung
Beide Erkrankungen sind unheilbar.

Vorbeuge
In der Zuchtauswahl sollte das Auftreten der Erkrankung berücksichtigt werden. Jungsauen und -eber sollten grundsätzlich bei ausreichender Mineralstoffversorgung nur verhalten gefüttert werden, damit sich der Skelettapparat und die Muskulatur entsprechend entwickeln können.

Verlauf und Ausgang
Die Erkrankungen sind unheilbar, aber aufgrund der entsprechenden Zuchtwahl nicht mehr häufig anzutreffen.

9 Verhalten

9.1 Ödemkrankheit (siehe Kap. 1 Kopf)

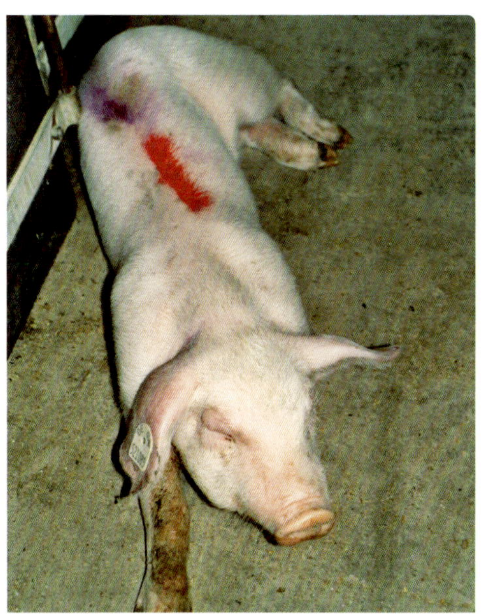

Abb. 48 Taumelnder Gang mit Lähmungserscheinung durch die Ödemkrankheit.

9.2 Streptokokkenmeningitis

Symptome

Nahezu in jedem Schweinebestand können Streptokokken nachgewiesen werden. Bei einem erhöhten Keimdruck und Beeinträchtigungen der körpereigenen Abwehrkraft kommt es insbesondere in der Ferkelaufzucht zu Erkrankungen. Besonders häufig sind abgesetzte Ferkel im Alter von 5–8 Wochen betroffen, aber auch Saugferkel und ältere Tiere

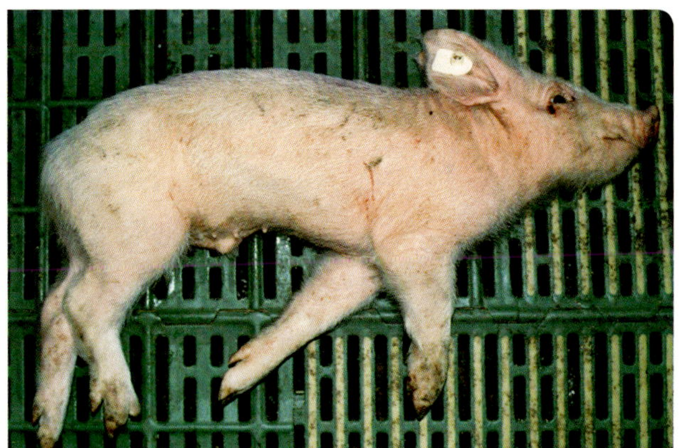

Abb. 49 Absetzferkel in Seitenlage und mit nach hinten gestrecktem Kopf.

können Symptome zeigen. Die ersten Krankheitsanzeichen sind Niedergeschlagenheit, Futterverweigerung, erhöhte Körpertemperatur und vereinzelte Lahmheiten. Oft treten auch plötzliche Todesfälle auf. Nachdem der Erreger die Blut-Hirn-Schranke überwunden hat, kann sich eine Gehirn- bzw. Hirnhautentzündung entwickeln. Erkrankte Ferkel zeigen dann zentralnervöse Störungen in Form von Benommenheit, unkoordiniertem Laufen, Zittern oder Krämpfen, bevor sie dann häufig in Seitenlage mit nach hinten gebeugtem Kopf zum Festliegen kommen und nach wenigen Tagen verenden. Oft sind gleichzeitig akute Gelenksentzündungen sichtbar. Dann fallen neben einem klammen Gang auch geschwollene, vermehrt warme und schmerzhafte Gelenke auf. Chronisch erkrankte Tiere kümmern, ihre Gelenke sind meist verdickt. Respiratorische Erkrankungen treten in den betroffenen Beständen gehäuft auf, so dass oft vermehrt Tiere beobachtet werden können, die eine verschärfte und pumpende Atmung zeigen. Nicht selten liegen auch entzündliche Veränderungen an weiteren inneren Organen, wie Brust- und Bauchfell, Nasenschleimhaut, Herzbeutel, Scheide oder Gebärmutter vor. Bei Sauen können diese dann auch zu erhöhten Umrauschquoten und Aborten führen

Ursachen

Bestandsprobleme durch Infektionen mit *Streptococcus suis* (*S. suis*) stehen im Vordergrund. Die meisten gesunden Tiere beherbergen *S. suis* in den Atemwegen und auf der Haut, bei Sauen kolonisiert er häufig auf der Scheidenschleimhaut. In einer Untersuchung von Beständen mit erhöhter Krankheitsinzidenz durch *S. suis* konnte der Erreger bei 16 % der Sauen auf der Scheidenschleimhaut, bei 9 % auf der Gesäugeleiste und in 9 % der Milchproben nachgewiesen werden. Eine Infektion der Ferkel schon während der Geburt wird in vielen Fällen angenommen. *S. suis* befindet sich jedoch auch in Kot und Stallstaub und kann so oral , über die Atemwege oder über Nabel- und Wundinfektionen in den Körper gelangen. Bei Neugeborenen sind die Maulhöhle und dort insbesondere die Mandeln bereits am 1. Lebenstag besiedelt. Die Erreger verteilen sich dann, besonders bei Stress, über das Blut im Tierkörper. Unter einem erhöhten Erregerdruck oder bei Vorliegen zusätzlicher belastender Faktoren kommt es zum Ausbruch der Erkrankung.

Diagnose

Durch eine sorgfältige und genaue Tierbeobachtung, möglichst mehrmals am Tag, können bereits frühe Krankheitsanzeichen zeitnah erkannt und die Tiere behandelt werden. In Liquor, Tupferproben, Gelenkspunktaten oder in veränderten Organen können die Erreger mikrobiologisch nachgewiesen werden.

Behandlung

Es wird versucht, die Erreger bereits im frühen Krankheitsstadium durch eine antibiotische Behandlung im Wachstum zu behindern oder abzutöten. Jedes auffällige Einzeltier sollte sofort behandelt werden, wenn nicht sogar die gesamte Tiergruppe behandelt werden muss. Zusätzlich können entzündungshemmende Wirkstoffe eingesetzt werden. Auch durch intensive Behandlungsmaßnahmen lässt sich der Erreger aus Tierbeständen nicht eliminieren. Vorbeugende Behandlungen sind daher immer in Frage zu stellen, auch wenn mögliche Erkrankungsfälle subklinisch infizierter Tieren verhindert werden können. Kommt es regelmäßig wiederkehrend zu Bestandserkrankungen, ist in manchen Beständen eine antibiotische Metaphylaxe angezeigt, bevor klinische Symptome auftreten.

Vorbeuge

Zur Verringerung der Erregerzahl, bzw. des allgemeinen Keimdrucks im Abferkelstall, ist ein striktes, abteilweises Rein-Raus-Verfahren mit anschließender Reinigung und Desinfektion zwingend notwendig. In die sauberen Abteile werden dann hochtragende Sauen eingestallt, die häufig erheblich keimbelastet sind. Eine weitere Erregerreduktion kann daher vor der Einstallung in den Abferkelstall durch Sauendusche oder -wäsche, möglichst auch mit speziellen Reinigungs- oder Desinfektionsmitteln, erreicht werden.

Die Entstehungsursachen von Hautwunden, die Eintrittspforten für den Erreger darstellen, müssen ermittelt und abgestellt werden. Dazu gehört die Überprüfung der Fußbodenbeschaffenheit. Insbesondere auf alten Betonböden kommt es bei Ferkeln häufig zu Haut- und Gelenksverletzungen. Kurzfristig kann hier mit speziellen Matten, Teppichresten, Kunstrasen o. ä. Abhilfe geschaffen werden. Im Liegebereich der Ferkel kann durch den Einsatz von Wasserbetten der Anteil der Hautverletzungen reduziert werden. In alten Ställen hat sich auch ein regelmäßiger Kalkanstrich bewährt. Aber nicht immer ist primär eine mangelhafte Beschaffenheit des Fußbodens ursächlich für die Hautverletzungen verantwortlich. Milchmangel bei der Sau führt zu häufig ergebnislosem, heftigem Anrüsten des Gesäuges durch die Ferkel, bei dem sie sich Füße und Gelenke aufscheuern. Die ersten Maßnahmen stellen daher eine Behandlung des Milchmangels und eine entsprechende MMA-Vorbeuge (s. u.) dar.

Da *S. suis* bei neugeborenen Ferkeln häufig über Nabel- und Wundinfektionen eindringt und im Körper verbreitet wird, müssen alle Maßnahmen am Ferkel sehr sauber und sorgfältig erfolgen. Eine Nabeldesinfektion sofort nach der Geburt wird in vielen Betrieben durchgeführt. Oft werden die Nabelschnüre dabei jedoch nur von außen mit desinfizierenden Präparaten benetzt, so dass die Wirkung eher begrenzt ist. Einen größeren Effekt hat das Kürzen zu langer Nabelschnüre, damit sie nicht über den Boden schleifen. Das Abkneifen von Zähnen ist nach dem Tierschutzgesetz verboten, denn fast immer werden dabei Verletzungen in der Maulhöhle gesetzt, häufig die Zahnhöhle oder sogar die Kieferhöhle eröffnet. Wenn im Einzelfall, nach einer tierärztlichen Diagnose, Zahnspitzen zu kürzen sind, müssen Schleifgeräte eingesetzt werden. Auch beim Schwänzekupieren ergibt sich eine nicht unerhebliche Wundfläche. Hier ist den Heißschneidegeräten unbedingt der Vorzug zu geben, denn sie ermöglichen einen schnellen und keimarmen Wundverschluss. Die Kastration sollte möglichst früh erfolgen, da in der ersten Lebenswoche der Eingriff in der Regel schnell überwunden wird und die Wunden komplikationslos abheilen.

Alle belastenden Umwelt- und Managementfaktoren, wie z. B. eine zu dichte Belegung, schlechte Lüftung mit der Konsequenz einer erhöhten Schadgaskonzentration oder das Umstallen, können zum Ausbruch der Erkrankung führen. In stark betroffenen Betrieben sollten die Ferkel auch nach dem Absetzen gewaschen werden. Es hat sich auch gezeigt, dass eine Vielzahl von Herkünften und ein Altersunterschied von mehr als 2 Wochen in den Ferkelpartien das Erkrankungsrisiko deutlich erhöhen. Stallspezifische Impfstoffe, die abgetötete Streptokokken enthalten, werden in Betrieben mit unterschiedlichem Erfolg eingesetzt. Durch diese spezifische Aktivierung des körpereigenen Abwehrsystems kann möglicherweise der Ausbruch der Erkrankung verhindert werden. Entscheidend für den Erfolg der Impfung ist der Impfzeitpunkt. Die zweimalige Grundimmunisierung sollte zwei bis drei Wochen vor Erkrankungsbeginn abgeschlossen sein. Bei Erkrankungsfällen um den Absetzzeitpunkt herum verhindert mitunter die Interferenz mit noch persistierenden maternalen Antikörpern die Ausbildung einer protektiven Immunität. Die zweimalige Sauenimpfung vor der Geburt kann eine Alternative sein, wenn bereits in der Saugferkelphase Erkrankungen auftreten.

9.3 Aujeszkysche Krankheit

Die Aujeszkysche Krankheit oder Pseudowut gehört zu den anzeigepflichtigen Tierseuchen. Es handelt sich um eine Herpesvirusinfektion, die je nach Stamm und Infektionsdosis zu unterschiedlich starker, klinischer Erkrankung beim Schwein führen kann. Auch andere Tierarten, wie z. B. Rinder, Hunde und Katzen, können betroffen sein.

Symptome

Infizierte Saugferkel entwickeln innerhalb weniger Tage hohes Fieber und sind apathisch. Die Sterblichkeit kann 100 % betragen. Zentralnervöse Störungen, wie zwanghafte Kreis- oder Rückwärtsbewegungen, Zittern, vermehrtes Speicheln oder Augenrollen (Nystagmus) können sichtbar sein. Einzelne Tiere kommen in Seitenlage zum Festliegen mit überstrecktem Kopf und Hals. Je älter die infizierten Schweine sind, desto weniger deutlich sind die Krankheitssymptome und desto geringer die Letalität. In vielen Fällen wird das Bild der primären Virusinfektion durch bakterielle

Abb. 50 Saugferkel mit zentralnervösen Störungen.

Abb. 51 Speichelnde Sau.

Sekundärinfektionen und ihre entsprechenden Krankheitsbilder überlagert. Mast- oder Zuchtschweine zeigen häufig nur eine Atemwegsinfektion mit vermehrtem Nasenausfluss und Husten bei hohem Fieber. Bei tragenden Sauen können vermehrt Aborte auftreten. Einzelne Virusstämme verursachen ein eher dezentes Krankheitsbild mit nur gering ausgeprägten klinischen Symptomen.

Ursachen

Es handelt sich um eine Herpesvirusinfektion, die über eine Tröpfcheninfektion oder direkten Kontakt übertragen werden kann. Das Virus befällt in erster Linie das Nervengewebe und die oberen Atemwege und führt zu Gewebsentzündungen.

Diagnose

Die Verdachtsdiagnose kann mit Hilfe des Virusnachweises in Blut- oder Gewebeproben bestätigt werden. In serologischen Untersuchungen können die Antikörper identifiziert werden. Auf Grund des Einsatzes von Markerimpfstoffen ist eine Unterscheidung zwischen Impf- und Feldantikörpern gut möglich.

Behandlung

Da es sich um eine anzeigepflichtige Tierseuche handelt, ist die Behandlung verboten. Maßnahmen zur Eradikation stehen im Vordergrund.

Vorbeuge

Durch regelmäßige Blutuntersuchungen in den schweinehaltenden Betrieben wird die Freiheit von der Aujeszkyschen Krankheit bestätigt. Wirkungsvolle Tot- und Lebendimpfstoffe stehen zur Verfügung, die ggf. eingesetzt werden können. Sie waren ein wirksames Hilfsmittel zur Eradikation der Erkrankung in den 80er und 90er Jahren des letzten Jahrhunderts.

Verlauf und Ausgang

Einerseits kann nach einer frischen Infektion mit hoch virulenten Stämmen ein dramatisches Krankheitsbild auftreten, andererseits kann eine Infektion auch nur mit geringgradigen Symptomen ablaufen.

10 Kotbeschaffenheit

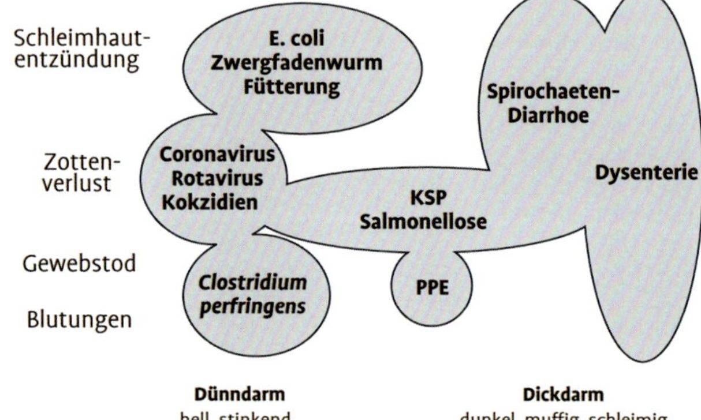

Grafik 1 Darm- und Kotveränderungen bei Durchfallerregern (nach Plonait u. Bickhardt 1977).

10.1 Clostridieninfektion

Symptome

Ferkel in den ersten Lebenstagen sind besonders empfänglich für Infektionen mit *Clostridium perfringens*. Auch in der 2. bis 4. Lebenswoche können Krankheitssymptome auftreten. Erste Krankheitsanzeichen sind ein gesträubtes Haarkleid mit Appetit- und Teilnahmslosigkeit. Der Kot ist flüssig und kann durch Blutbeimengungen rotbraun verfärbt oder auch schaumig gelblich oder griesartig gräulich sein. Bei perakutem Krankheitsverlauf verenden die Ferkel häufig ohne sichtbaren Durchfall.

Ursachen

Klinisch gesunde Sauen sind Überträger der Erreger, die auch bei gesunden Ferkeln nachgewiesen werden können. Eine Krankheitsentstehung wird durch einen erhöhten In-

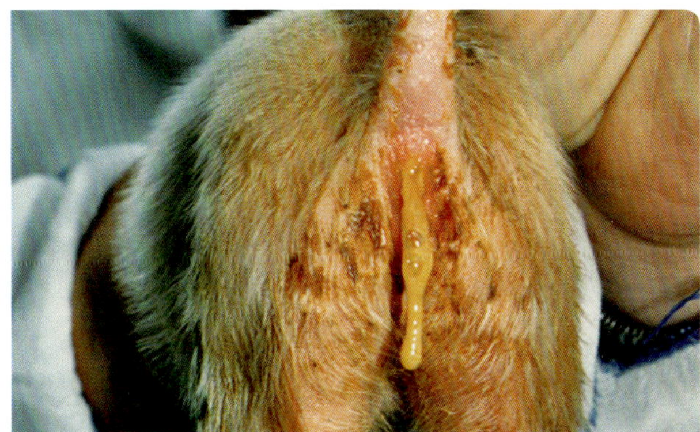

Abb. 52 Verschmutzte Ferkel durch Saugferkeldurchfall; Schaumiger Durchfall kann auf Clostridieninfektionen hindeuten.

fektionsdruck und andere prädisponierenden Faktoren, wie z. B. Milchmangel der Sau, begünstigt. Die Erreger besiedeln nach einer oralen Infektion die Dünndarmschleimhaut und dringen im Krankheitsfall innerhalb weniger Stunden in das Gewebe ein, so dass sich die Schleimhaut ablöst und nekrotisch wird.

Anhand der von *Clostridium perfrigens* gebildeten Giftstoffe können verschiedene Typen differenziert werden. Eine dramatische Form des Saugferkeldurchfalls, bei dem ein großer Teil der betroffenen Saugferkel verendet, wird durch den Typ C verursacht. Typ A wird dagegen einerseits der physiologischen Darmflora zugerechnet, verursacht aber andererseits zunehmend Bestandsprobleme. Der Krankheitsverlauf ist üblicherweise milder als beim Typ C, wobei jedoch deutliche Stammunterschiede beobachtet werden und auch bei diesem Typ lebensbedrohliche Durchfälle auftreten können.

Diagnose

Die akute Verlaufsform bei wenige Tage alten Saugferkeln mit Blutbeimengungen im Kot kann als pathognomonisch betrachtet werden. Bei Durchfallerkrankungen ohne Blutbeimengen müssen *E. coli* oder virusbedingte Durchfälle und Kokzidieninfektionen ausgeschlossen werden. In der

Sektion gelten nekrotische Darmschleimhautveränderungen als typisch für *Clostridium perfringens* Typ C. Der Erreger kann durch eine bakteriologische Untersuchung nachgewiesen und über eine Toxinbestimmung der Kultur differenziert werden.

Behandlung

Bei bereits erkrankten Ferkeln kommt eine antibiotische Behandlung häufig zu spät.

Vorbeuge

Die sofortige metaphylaktische Behandlung der noch gesunden Wurfgeschwister oder aller Ferkel derselben Abferkelgruppe ist zu empfehlen. Eine möglichst mehrmalige orale Penicillinbehandlung der Saugferkel in den ersten Lebenstagen hat sich bewährt. In Betrieben mit erhöhtem Infektionsdruck ist die Muttertierschutzimpfung der Sauen 6–5 und 3–2 Wochen vor der Geburt zu empfehlen.

Verlauf und Ausgang

Infektionen mit *Clostridium perfringens* Typ C verursachen meist ein dramatisches Krankheitsbild mit hoher Letalität. Infektionen mit *Clostridium perfringens* Typ A führen stammabhängig zu unterschiedlich hohen Saugferkelverlusten. Innerhalb weniger Stunden bis Tage kann ein großer Teil eines betroffenen Wurfes verenden.

10.2 Escherichia coli-Infektionen

Bei Durchfallerkrankungen der Saug- und Absetzferkel wird am häufigsten *Escherichia coli* nachgewiesen.

Symptome

In der Saugferkelphase und Ferkelaufzucht werden durch diesen Erreger Durchfallerkrankungen oder die Ödemkrankheit ausgelöst. In seltenen Fällen kann es zur Septikämie und Erregerstreuung in innere Organe und zu einer entsprechenden Organerkrankung kommen.

Abb. 53 Saugferkelwurf mit Durchfall: Escherichia coli wird am häufigsten gefunden.

Gelblich, wässriger Durchfall, der meist in der ersten Lebenswoche bei Saugferkeln auftritt, führt zu Beginn der Erkrankung zu einem geringgradig gestörten Allgemeinbefinden mit nicht oder leicht erhöhter Körpertemperatur. Bei fortgeschrittener Erkrankung trocknen die Ferkel durch Wasserverlust aus und werden apathisch. Das Haarkleid ist struppig und mit Kot verklebt. In Folge der Apathie und des

Abb. 54 (links) Bei Saugferkeln hat der Durchfall oft eine gelbliche Farbe.

Abb. 55 (rechts) Bei älteren Saug- und Absatzferkeln ist der Durchfall häufig von grauer Farbe.

Energieverlustes kommt es zur Auskühlung und die Ferkel sind nicht mehr in der Lage, ausreichend Milch aufzunehmen und verenden. Mitunter erkranken Ferkel auch erst in der 1. oder 3. Lebenswoche oder nach dem Absetzen. Zu diesem Zeitpunkt wird vermehrt dünnbreiiger oder wässriger Kot von gelb-gräulicher Farbe beobachtet. Immer wieder treten auch plötzliche Todesfälle, gerade von gut ernährten Ferkeln ohne sichtbare Erkrankungen oder Anzeichen von Durchfall auf. Meist handelt es sich um perakute Fälle von Ödemkrankheit, die an anderer Stelle beschrieben werden (s. o.).

Ursachen

Die überall vorkommenden *Escherichia coli* Keime können in verschiedene Stämme oder Serotypen eingeteilt werden. Für die Routinediagnostik ist eine Serotypisierung jedoch von untergeordneter Bedeutung, da die Klassifizierung nach Bakterienwandantigenen (O-Antigene) und flagellaren Antigenen (H-Antigene) keine Aussage über die klinische Bedeutung eines Stammes geben kann. Derzeit sind mehr als 1.000 verschiedene *E. coli* Stämme bei Mensch und Tier bekannt. Abhängig von Art und Alter der infizierten Lebewesen können sie zu den unterschiedlichsten Krankheitsbildern führen, aber auch bei nicht erkrankten nachgewiesen werden. Die Erreger werden von den Ferkeln oral aufgenommen. Zum Durchfall kommt es erst, wenn sich die krankmachenden Erreger mit ihren Fimbrien an die Darmschleimhaut anheften können. Dieser Vorgang kann durch Verdauungsstörungen, Darmfloraverschiebungen oder durch Koinfektionen z. B. mit Viren erleichtert werden. Eine Folge kann dann die explosionsartige Vermehrung der Bakterien im Darm und ein Freisetzen von Endo- und Exotoxinen sein („Darmgift"). Ein bestimmtes Toxin schädigt die Zellen der Darmschleimhaut, so dass ständig Wasser in den Darm abgegeben, aber nicht rückresorbiert wird. Die Folge ist eine Austrocknung. Die Toxine können außerdem plötzliche, schockartige Todesfälle verursachen oder über die Zerstörung der Blutgefäße zur Ödemkrankheit führen.

Diagnose

Aus Kotproben oder Analtupfern können die Erreger kulturell angezüchtet werden. Die Untersuchung auf Virulenzfaktoren (Anheftungsfaktor und Toxine) erfolgt mit molekularbiologischen Methoden aus Kulturmaterial.

Behandlung

Durch eine orale oder Injektionsbehandlung mit wirksamen Antibiotika können die Bakterien abgetötet oder zumindest ihr Wachstum reduziert werden. Die Darmschleimhaut benötigt dann etwa drei Tage, um sich zu regenerieren, daher kann trotz der erfolgreichen Erregerbekämpfung weiterhin Durchfall auftreten. Durch zusätzliche Gaben von Elektrolyttränken sollte der Wasserverlust der Tiere substituiert werden. Noch gesunde Wurfgeschwister oder Ferkel derselben Abferkelgruppe sollten gegebenenfalls metaphylaktisch behandelt werden.

Vorbeuge

Die Anzahl der krankmachenden Erreger im Stall muss möglichst niedrig gehalten und Infektionsketten müssen unterbrochen werden. Dies ist durch striktes Rein-Raus-Verfahren der Abferkel- und Aufzuchtgruppen und sorgfältige Reinigung und Desinfektion mit geeigneten Präparaten zu erreichen. Aber auch die Futter- und Trinkwasserhygiene darf nicht vernachlässigt werden, denn gerade über verschmutzte Tränkebecken oder Futtertröge können sich Durchfallerreger leicht ausbreiten.
Die beste Prophylaxe gegen Saugferkeldurchfall ist die ausreichende Versorgung der Saugferkel mit Biestmilch, die reich an schützenden Antikörpern ist.

Damit eine optimale passive Versorgung der Ferkel mit Antikörpern gewährleistet ist, ist in Problembeständen die terminorientierte Muttertierimpfung zu empfehlen. Sauen sollen mit einer zweimaligen Impfung grundimmunisiert werden. Je nach Impfstoff sollte die Auffrischungsimpfung 2–3 Wochen vor dem Geburtstermin erfolgen. Wenn eine gesunde Sau im guten Allgemein- und Nährzustand mit intaktem Immunsystem geimpft wird, werden so zum Zeitpunkt der Geburt die höchsten Antikörpergehalte in der Biestmilch erreicht. Jetzt muss nur noch deren ungestörte Aufnahme durch die Ferkel gewährleistet sein. Bei den abgesetzten Ferkeln ist durch die Muttertierimpfung keine Schutzwirkung mehr zu erreichen. Hier können gezielte Fütterungsmaßnahmen, wie z. B. Säurezugaben, Absenkung des Rohproteingehaltes, Erhöhung des Rohfasergehaltes oder Absenkung der Kalzium- und Phosphorkonzentrationen, um deren Magensäure-abpuffernde Wirkung aufzuheben, an erster Stelle stehen. Auch eine Umstellung der Fütterungstechnik, wie z. B. die restriktive Fütterung bei ausreichendem Fressplatzangebot und mehr über den Tag verteilte Fütterungszeiten, kann einem Krankheitsausbruch entgegenwirken.

Verlauf und Ausgang

Eine rechtzeitige Behandlung kann zum Ausheilen der Erkrankung führen. Hochgradig erkrankte Tiere verenden perakut oder können deutlich im Wachstum zurückbleiben.

10.3 Dysenterie

Symptome

Im frühen, milden Stadium fällt die Erkrankung häufig kaum auf, da erste Anzeichen oft nur Appetitlosigkeit und weicher Kot sind. Zu einem späteren Zeitpunkt wird der Kot schleimig und graubraun bis blutig. Bei erkrankten Tieren sehen die Flanken eingefallen aus. Buchtengenossen fressen mit Vorliebe den Durchfallkot, der zahlreiche Erreger enthält, so dass die Zahl der erkrankten Tiere rasch zunimmt. Es entsteht dann der Eindruck, dass sich die Dysenterie explosionsartig ausbreitet. Todesfälle sind zwar nicht die Regel, bei sehr massiven Erkrankungen können aber bis zu 30 % der Tiere sterben. Einzeltiere verenden mitunter ohne äußerlich sichtbare Krankheitsanzeichen.

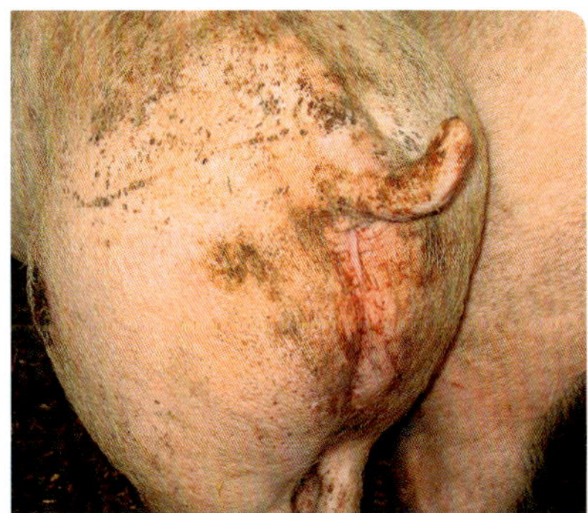

Abb. 56a+b Schleimig, blutige Durchfälle im Mastbereich können ein Hinweis auf die Dysenterie sein.

Ursachen

Das Bakterium *Brachyspira hyodysenteriae* ist der Erreger der klassischen Schweinedysenterie. Nach einer oralen Infektion kommt es zur Erregervermehrung im Blind- bzw. Dickdarm und die Darmschleimhaut wird zerstört. Ein anderer Erreger aus der Familie der Brachyspiren, *Brachyspira pilosicoli*, verursacht ähnliche Durchfallerkrankungen. Dieses Krankheitsbild verläuft im Regelfall wesentlich milder und wird dann als Spirochätendiarrhoe bezeichnet. Blutbeimengungen im Kot und Todesfälle werden selten beobachtet. Häufig sind nicht alle Tiere einer Gruppe erkrankt und die Futteraufnahme ist kaum eingeschränkt. Im Abteil fällt der klebrig-glänzende, graue bis braune Durchfallkot auf und der Afterbereich der betroffenen Tieren ist kotverschmiert. Das größte Risiko der Krankheitsübertragung besteht im Tierverkehr, da beide Erreger über infizierte, aber nicht sichtbar erkrankte Zukaufferkel in die Mastbestände gebracht werden können. Äußerlich gesunde Schweine, welche die Erkrankung überstanden oder niemals Krankheitssymptome gezeigt haben, können als Ansteckungsquelle dienen. Innerhalb der Bestände oder in schweinedichten Regionen können Brachyspiren aber auch durch Schadnager, Fliegen oder Gülle verbreitet werden. Ein Verbreitungsrisiko stellen auch Personen mit verschmutzter Kleidung und Stiefeln dar.

Diagnose

Sichtbar erkrankte Schweine scheiden Brachyspiren in großer Zahl aus, während gesunde Träger den Erreger nur unregelmäßig und in geringen Mengen ausscheiden. Aus diesem Grund kann anhand von Kotproben ein Erregernachweis im Labor nicht immer gelingen und ist bei negativem Befund auch keine Garantie für die Erregerfreiheit von Ferkeln. Routinediagnostikmethoden sind der kulturelle Erregernachweis, der auch eine Resistenzprüfung ermöglicht, oder die PCR als spezifische molekulargenetische Methode, die von einigen Untersuchungseinrichtungen eingesetzt wird. Diese Methode hat den Vorteil, dass auch abgestorbene Erreger nachgewiesen werden können, gilt aber bei ihrem Einsatz direkt aus Kotproben als weniger empfindlich und schließt eine anschließende Resistenztestung aus. Da Brachyspiren nur unter Luftabschluss (Sauerstoffentzug, anaerob) überleben und wachsen können, sollten Kotproben für einen kulturellen Nachweis in gut verschlossenen Behältern zur Untersuchung eingesandt werden. Bewährt haben sich spezielle Kottupfer mit Transportmedium.

Behandlung

Wenn schwerwiegende, durch Brachyspiren verursachte Durchfallerkrankungen auftreten und die Erreger nachgewiesen worden sind, ist eine Behandlung mit Antibiotika aus tierschützerischen aber auch aus verbraucherschützerischen Gründen zwingend notwendig. Durch Gabe eines geeigneten antibiotischen Wirkstoffs in der richtigen Dosierung werden die Bakterien abgetötet oder zumindest ihre Vermehrung verhindert. Zurzeit stehen nur zwei Wirkstoffe, Tiamulin und Valnemulin, mit einem ausreichenden Wirkspektrum gegen *Brachyspira hyodysenteriae* zur Verfügung. Resistenzen gegen beide Wirkstoffe, die chemisch ähnlich sind, nehmen zu. Für die Behandlung einer Spirochätendiarrhoe kann auch eine Therapie mit den Wirkstoffen Tylosin und Lincomycin, entsprechend dem Resistenztest, erfolgreich verlaufen. Der Hoftierarzt wählt ein geeignetes Medikament aus und erarbeitet ein für den Betrieb passendes Behandlungskonzept. Wichtig ist, dass die Präparate über einen ausreichend langen Zeitraum in ausreichend hoher Dosierung eingesetzt werden. Eine schnelle Besserung der Symptome sollte nicht dazu verleiten, das Medikament früher abzusetzen oder die Dosierung zu verringern. Zur Gruppenbehandlung bei Durchfallerkrankungen bietet sich die Behandlung über das Trinkwasser oder das Futter an. Dabei ist zu berücksichtigen, dass erkrankte Tiere in der Regel weniger fressen und der Wasserkonsum häufig schwankt. Die Aufnahme der auf das Körpergewicht bezogenen Menge des antibiotischen Wirkstoffs muss gewährleistet sein. Tiere, die kein Futter oder Wasser aufnehmen, müssen zusätzlich durch eine Injektion behandelt werden.

Vorbeuge

In der Regel erfolgt eine Ansteckung mit Durchfallerregern über den direkten Kotkontakt. Wichtigste Prophylaxemaßnahme ist daher die Unterbrechung der Infektionsketten. Vollspaltenböden sind in dieser Hinsicht günstiger zu beurteilen, da der Kotkontakt reduziert wird. Bei planbefestigten Böden muss gegebenenfalls eine wirkungsvolle Kotbeseitigung per Hand erfolgen. Eine Verkotung der Futtertröge und Tränkeschalen muss unbedingt vermieden werden. Im Kombibetrieb sollte auf eine hygienische Trennung zum Mastbereich geachtet werden. Zuchtläufer oder Jungsauen sollten auf keinen Fall in Mastabteilen aufgestallt werden. Arbeiten im Maststall sollten möglichst erst am Ende des Arbeitsablaufes durchgeführt werden und eine gesonderte Arbeitskleidung für diesen Bereich ist zu empfehlen. Die verschiedenen Mastaltersstufen sollten möglichst voneinander getrennt aufgestallt werden, so dass die Abteile im Rein-Raus-Verfahren belegt werden können. Nach jedem Ausstallen ist eine gründliche Reinigung und Desinfektion notwendig. Dabei ist eine effektive Reinigung besonders wichtig, denn ohne sie ist eine nachfolgende Desinfektion sinnlos. Die Erreger können in angetrockneten Kotresten oder Gülle lange Zeit überleben, so dass eine vollständige Entleerung der Güllekanäle angestrebt werden sollte. Falls dies nicht möglich ist, kann die Restgülle mit Cyanamid (3 l Alzogur®/m³) behandelt werden. Der Wirkstoff reduziert die Erreger der Schweinedysenterie und tötet Fliegenlarven, ist jedoch kein Desinfektionsmittel im eigentlichen Sinne, da andere Erreger nicht sicher abgetötet werden. Nach dem Reinigen ist ein Aufheizen der Abteile, durchaus auch mehrmals, zu empfehlen, da durch Trockenheit und Wärme die Überlebensrate der Bakterien in der Umgebung verringert wird. Weiterhin müssen Ratten und Mäuse gezielt bekämpft werden, da sie die Erreger zwischen den Abteilen verschleppen können. Betriebsfremde Personen sollten nur mit stalleigenem Overall und Stiefeln in den Stall gelassen werden. In betroffenen Beständen müssen Belastungsfaktoren wie zu hohe Belegdichte oder mangelhafte Klimaführung, vermieden werden, da diese bei infizierten Tieren den Ausbruch der Erkrankung begünstigen. Auch andere Infektionskrankheiten stellen dafür einen Risikofaktor dar und sollten daher über Impfmaßnahmen oder durch Behandlung eingedämmt werden. Dazu gehört auch eine sorgfältige Parasitenbekämpfung.

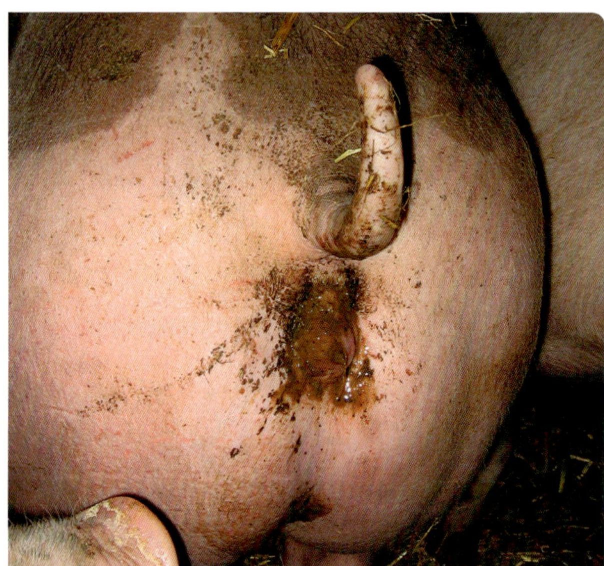

Abb. 57 Schleimiger Durchfall spricht für Brochyspireninfektion. Häufig wird der Kot von den Schweinen gerne gefressen.

Abb. 58 Gelblicher Kot mit Blutbeimengungen deuten auf Lawsoniainfektionen.

Verlauf und Ausgang

Nach wirksamer antibiotischer Behandlung heilt die Erkrankung aus. Ohne begleitende hygienische Maßnahmen kann dauerhaft keine Verbesserung der Bestandsgesundheit erreicht werden. Die Infektion wird nach symptomlosen Perioden immer wieder aufflammen.

10.4 Porzine Proliferative Enteropathie

Lawsonia intracellularis, der Erreger der Porzinen Proliferativen Enteropathie, auch Ileitis oder PIA (Porzine intestinale Adenomatose) genannt, gewinnt für Durchfallerkrankungen in der Ferkelaufzucht oder Mast zunehmend an Bedeutung.

Symptome

Bei milden Verläufen zeigt sich eine mehrtägige Durchfallphase mit Fressunlust.

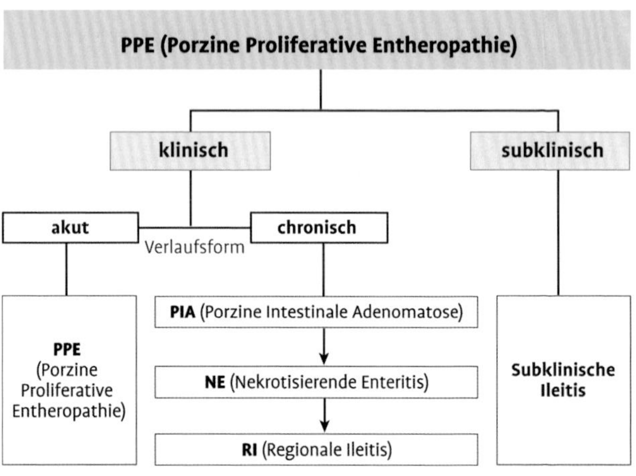

Grafik 2 Die unterschiedlichen Krankheitsbilder der Lawsonieninfektion (nach Mc Orist).

Schwerere Verläufe führen zur Schleimhautzerstörung und zu starken Blutungen, so dass im Kot der betroffenen Schweine häufig Blutbeimengungen beobachtet werden. Bei Fortschreiten der Erkrankung kann auch wässrig-schwarzer, übel riechender oder sogar teerartiger Kot abgesetzt werden. Plötzliches Verenden wird häufig beschrieben und die Schweine erscheinen auffallend blass. Insbesondere bei diesem Krankheitsbild ist eine klinische Diagnose sehr schwierig, zumal ein ähnliches Bild durch Magengeschwüre verursacht wird.

In Ferkelaufzucht und Vormast überwiegt das chronische Krankheitsbild, bei dem immer wieder grau-gelblicher Durchfall unterschiedlicher Konsistenz zu beobachten ist. Etwa 10 % der Tiere bleiben in ihrer Entwicklung deutlich zurück, während andere Tiere völlig gesund aussehen. Eine schlechte Futterverwertung und verminderte Tageszunahmen können ein Hinweis auf die Erkrankung sein, die mit dem aus dem englischen Sprachraum stammenden Begriff der "subklinischen Ileitis" belegt ist.

Bei älteren Mastschweinen oder Zuchttieren tritt der akute Verlauf mit Blutbeimengungen im Kot und vermehrten Todesfällen häufiger auf.

Ursachen

Die Bezeichnungen der unterschiedlichen Krankheitsbilder, die durch *Lawsonia intracellularis* ausgelöst werden, sind verwirrend. Lange Zeit war der Erreger in der Routinediagnostik nicht nachzuweisen, so dass die Erkrankung anhand ihres Erscheinungsbildes in der Sektion beschrieben wurde (siehe Grafik). Am Übergang vom Dünn- zum Dickdarm kann *Lawsonia intracellularis* Wucherungen in der Darmschleimhaut verursachen (Porzine Intestinale Adenomatose, PIA), die bis zum Verschluss des Darmes führen können. Wenn Darmgewebe abstirbt, wird von der Nekrotisierenden Enteristis (NE) oder der Regionalen Ileitis (RI) gesprochen. Die akute Form mit Blutungen in das Darmlumen wird als Porzine Hämorrhagischen Enteropathie (PHE) bezeichnet.

Abb. 59 Porzine Proliferative Enteropathie
a) Kümmern und wechselnder Durchfall,
b) schwarzer Kot.

Diagnose

Bei der kulturellen Routineuntersuchung von Kotproben wird der Erreger nicht miterfasst, so dass bei Verdacht immer eine zusätzliche PCR-Untersuchung auf *Lawsonia intracellularis* durchgeführt werden sollte. Gegebenenfalls sollten betroffene Tiere, in Absprache mit dem Hoftierarzt, zur Untersuchung eingeschickt werden. Über entsprechende blutserologische Untersuchungen können Aussagen über den Infektionsverlauf im Bestand gemacht werden.

Behandlung

Wenn akute Durchfallerkrankungen auftreten und die Erreger nachgewiesen worden sind, ist eine Behandlung mit Antibiotika aus tierschützerischen aber auch aus verbraucherschützerischen Gründen zwingend notwendig. Durch Antibiotikagaben in der richtigen Dosierung werden die Bakterien abgetötet oder zumindest ihre Vermehrung verhindert. Der Hoftierarzt hilft bei der Auswahl eines geeigneten Wirkstoffes und erarbeitet ein für den Betrieb passendes Behandlungskonzept. Wichtig ist, dass die Medikamente über einen ausreichend langen Zeitraum und ausreichend hoch dosiert eingesetzt werden.

Vorbeuge

Für die Lösung der Bestandsproblematik müssen Vorbeugemaßnahmen im Vordergrund stehen. Bei bekannten Herkünften sollten Sanierungs- und Bekämpfungsmaßnahmen gemeinsam mit den Ferkelerzeugern und deren Hoftierärzten geplant und durchgeführt werden. Für die notwendige Unterbrechung von Infektionsketten sind Vollspaltenböden günstiger zu beurteilen. Die verschiedenen Mastaltersstufen sollten möglichst voneinander getrennt aufgestallt werden, so dass die Abteile im Rein-Raus-Verfahren belegt werden können.

Nach jedem Ausstallen ist eine gründliche Reinigung und Desinfektion notwendig. Eine Desinfektion kann nur ausreichend wirksam werden, wenn zuvor die Reinigung ausreichend gründlich durchgeführt wurde. Auch bei diesem Erreger sollten Ratten und Mäuse gezielt bekämpft werden, da sie den Erreger zwischen den Abteilen verschleppen. Betriebsfremde Personen sollten nur mit stalleigenem Overall und Stiefeln in den Stall gelassen werden. Ein Lebendimpfstoff steht zur Verfügung, der als Schluckimpfung spätestens 3 Wochen vor dem Infektionszeitpunkt verabreicht werden sollte. Der Impfstoff kann entweder direkt in das Maul (Drenchverfahren) oder über das Trinkwasser gegeben werden.

Verlauf und Ausgang

Während bei älteren Mastschweinen und Jungsauen der akute Verlauf mit plötzlichen Todesfällen im Vordergrund steht, überwiegt bei den Ferkeln der chronische Verlauf, der sich durch Auseinanderwachsen und verlängerte Mastdauer äußert.

10.5 Salmonelleninfektion

Die Salmonelleninfektion des Schweins zählt zu den Zoonosen, da auch Menschen sich infizieren und schwer erkranken können.

Symptome

Salmonellen können beim Schwein Durchfallerkrankungen, aber in seltenen Fällen auch systemische Erkrankungen verursachen. Die Körpertemperatur kann erhöht sein. Der Kot kann dünnbreiig bis wässrig sein und ist eher von dunkler Farbe und muffigem Geruch. Oft weist der Kot lediglich eine wechselnde Konsistenz auf. Grundsätzlich sind alle Altersgruppen für den Erreger empfänglich, wenn auch in erster Linie die Aufzucht- und Mastschweine erkranken. Nach symptomlosen Phasen kann die Erkrankung immer wieder auftreten. Bei schwerwiegenden Infektionen werden Symptome wie bei einer Blutvergiftung mit Apathie und hohem Fieber oder auch mit Untertemperatur und Zyanosen an Ohr- und Schwanzspitzen, Gliedmaßen und der Bauchunterseite beobachtet. Viel häufiger ist allerdings eine symptomlose, latente Infektion mit dem Erreger nachzuweisen.

Abb. 60 Wechselnde Kotkonsistenz kann auch ein Hinweis auf eine Salmonelleninfektion sein.

Ursachen

Ursache für Erkrankungen ist die bakterielle Darminfektion mit Salmonellen. Die mehr als 3000 unterschiedlichen Erregertypen unterscheiden sich in ihrer krankmachenden Wirkung für die verschiedenen Tierarten. Beim Schwein sind *Salmonella cholerasuis* und *S. typhimurium* die häufigsten nachgewiesenen Serotypen. Eine Infektion erfolgt in der Regel durch die direkte orale Aufnahme der Erreger. Latent infizierte Schweine, aber auch Schadnager spielen für den Erregereintrag und die -verbreitung eine große Rolle. Erreger können auch über kontaminiertes Futter oder andere belebte und unbelebte Vektoren eingeschleppt werden. Insbesondere im Dickdarm kommt es zu Schleimhautentzündungen mit der Folge eines Flüssigkeitsverlustes. Schon nach wenigen Stunden können Salmonellen im Tierkörper streuen und innere Organe besiedeln. Auch nach einer intensiven antibiotischen Therapie können die Erreger beispielsweise noch in den Darmlymphknoten nachgewiesen werden.

Diagnose

Durch eine mikrobiologische Untersuchung werden die Erreger nachgewiesen. Für den Nachweis der Salmonellenstämme sollte eine spezielle Serotyp-Differenzierung durchgeführt werden.

Behandlung

Bei der Salmonellenbekämpfung in Schweinebetrieben geht es in erster Linie um jene Salmonellen, die bei den Schweinen selbst im Regelfall keine Krankheitssymptome auslösen. Durch die Schlachtung klinisch unauffälliger, jedoch infizierter Tiere besteht die Gefahr der Kontamination großer Fleischchargen, so dass die Salmonellenbekämpfung im Bestand ein Anliegen des Verbraucherschutzes ist.

Am Schlachtbetrieb geben positive Ergebnisse im Fleischsaft-ELISA einen Hinweis auf eine erhöhte Salmonellenbelastung im Bestand. Bei schwerwiegenden Erkrankungen kann durch eine antibiotische Therapie die klinische Symptomatik verbesser werden, eine Erregerfreiheit ist jedoch nicht zu erreichen. Ziel muss sein, die Produktionshygiene zu verbessern, um den Erregerdruck und damit den Anteil latent infizierter Schweine zu senken. An erster Stelle ist auch hier wieder die Umsetzung des Rein/Raus-Verfahrens mit konsequenter Reinigung und Desinfektion zu nennen. Eine intensive Schadnagerbekämpfung ist ebenfalls erforderlich.

Vorbeuge

Die Optimierung der allgemeinen Betriebs- und Produktionshygiene steht im Zentrum aller Bemühungen zur Senkung der Salmonellenbelastung. In Problembetrieben ist der Einsatz von Lebend- oder Totimpfstoffen möglich, die vor allem in Sauenbetrieben mit einer hohen Salmonellenprävalenz verwendet werden. Ein Salmonellen-Monitoringprogramm ist in der Schweinesalmonellenverordnung verankert, bei dem Schlachtschweine regelmäßig auf Antikörper untersucht werden. In Betrieben mit erhöhten Nachweisraten muss eine gründliche tierärztliche Untersuchung und Beratung erfolgen, um Schwachstellen im Hygiene- und Gesundheitsmanagement aufzudecken und zu beheben. Einige Maßnahmen zur Senkung der Salmonellenbelastung im Bestand sind im Folgenden aufgelistet.

Untersuchung der Eintragsquellen:

- frisch eingestallte Ferkel
- Erfolgskontrolle R.+D.: Bucht, Treibwege, Stallumgebung
- Futter: Trog, (Flüssig)fütterung, Mahl-und Mischanlage, Lager
- Vektoren: Schadnager, Fliegen, Katzen, Hunde

Maßnahmen zur Erregerreduktion:

- Vermeidung des Eintrages und Verhinderung der Querkontamination im Bestand durch jeweils spezifische Maßnahmen:
- striktes abteilweises Rein-Raus-System
- Reinigung + Desinfektion (Abteile, Treibwege, Stallumgebung)
- Schadnagerbekämpfung, „Abdichtung" von Stallgebäuden und Futterlagern gegen Katzen, Hunde und Vögel
- Tränkewasserhygiene

Fütterungsmaßnahmen:

- Hitzebehandlung beim Pelletiervorgang tötet zwar Erreger ab, aber pelletiertes Futter führt grundsätzlich zu einer schnelleren Futteraufnahme und Magenpassage, so dass pelletiertes Futter als Risikofaktor gilt
- Säureeinsatz im Futter; es können auch gekapselte Säuren oder kristalline Produkte eingesetzt werden; einige Kraftfutterhersteller können auch flüssige Säuren auf pelletiertes Futter sprühen
- eine grobere Vermahlung und Erhöhung des Rohfaseranteils kann die Salmonellenbelastung reduzieren
- bei Hofmischung ist eine Getreideration mit hohem Gerstenanteil mit hitzebehandeltem Ergänzer ideal
- Einsatz von Probiotika zur Stabilisierung der Darmgesundheit

Verlauf und Ausgang

Eine klinische Erkrankung durch Salmonellen ist beim Schwein selten und bleibt häufig unerkannt. Salmonellen können als Sekundärerreger bei Tieren mit geschwächtem

Abwehrsystem eine Rolle spielen. Eine entscheidende Bedeutung haben die latenten Infektionen mit Salmonellen für den Verbraucherschutz, so dass in betroffenen Beständen Maßnahmen eingeleitet werden müssen, um den Erregerdruck zu senken.

10.6 Kokzidiose

Symptome

Ausschließlich Saug- und Absetzferkel erkranken an einer Infektion mit Kokzidien. Gelblich-pastöser, stinkender Durchfall in den ersten Lebenstagen und Wochen kann ein erster Hinweis auf den Erreger sein. Im weiteren Verlauf der Erkrankung bleiben betroffene Saugferkel in der Entwicklung zurück und kümmern.

Ursachen

Kokzidien sind einzellige Innenparasiten, die sich in den Darmzellen vermehren. Schon wenige Stunden nach der Infektion wird die Darmschleimhaut zerstört und Durchfall kann auftreten. Nach einigen Tagen werden neue Erreger über den Kot ausgeschieden. Beim Schwein besitzt *Cystoiso-*

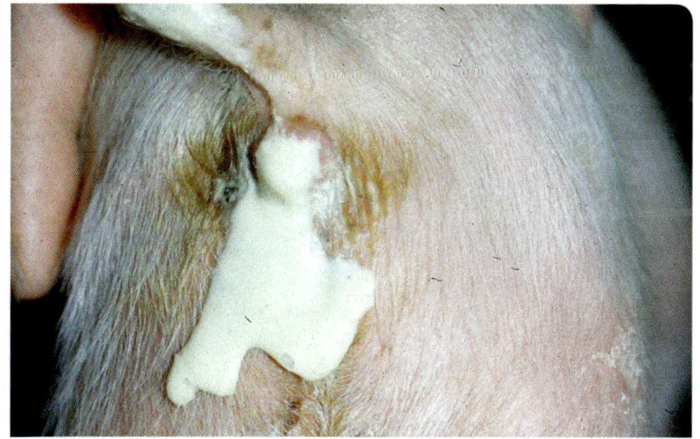

Abb. 61 Gelblich, pastöser Kot bei Saugferkeln kann auf eine Kokzidiose hindeuten.

spora suis die größte Bedeutung, aber auch andere Kokzidienarten werden nachgewiesen.

Diagnose

In Kotproben, die bevorzugt um den 10. Lebenstag entnommen werden, können die Parasiten mit speziellen Untersuchungsverfahren nachgewiesen werden. Nicht immer werden die Erreger ausgeschieden, daher sollten immer mehrere Tiere eines erkrankten Wurfes untersucht werden.

Behandlung

Durch eine Behandlung mit einem kokzidienwirksamen Medikament kann der Krankheitsverlauf gemildert werden. Durch zusätzliche Gaben von Elektrolyttränken kann das Austrocknen der Ferkel verhindert werden.

Vorbeuge

Bewährt hat sich eine vorbeugende Behandlung mit dem Wirkstoff Toltrazuril am 2. oder 3. Lebenstag, durch den die Vermehrung der Kokzidien in den Darmzellen verhindert wird. Der Erregerdruck kann durch eine Zwischendesinfektion im belegten Abferkelstall reduziert werden, auch wenn trotz sorgfältiger Reinigung und Desinfektion eine Erregerübertragung häufig nicht verhindert werden kann.

Verlauf und Ausgang

Durch die vorbeugende Behandlung mit wirksamen Medikamenten kann die Erkrankung verhindert werden. Bereits erkrankte Tiere können eine Besserung der Symptome zeigen, aber es besteht die Gefahr, dass sie in ihrer Entwicklung zurückbleiben.

10.7 Spulwurmbefall

Der Schweinespulwurm, *Ascaris suum*, führt von allen Würmern beim Schwein zu den größten wirtschaftlichen Verlusten. Symptomlose Infektionen sind weit verbreitet und führen zu einer gesundheitlichen Belastung der Tiere, zu

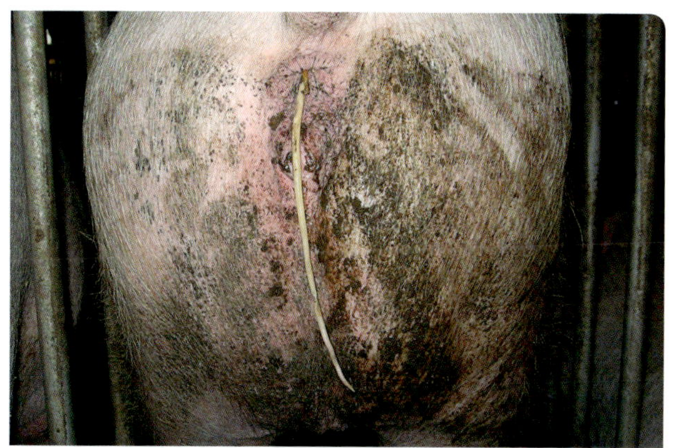

Abb. 62 In seltenen Fällen sind die Spulwürmer sichtbar.

Minderzunahmen und Leberverwürfen nach der Schlachtung.

Symptome

In vielen Fällen sind eine schlechtere Futterverwertung, herabgesetzte Tageszunahmen oder auch langes, struppiges Haarkleid zu erkennen. Der Spulwurmbefall ist zunächst nur eine von vielen möglichen Differentialdiagnosen, da die Symptome viele Ursachen haben können. Selten spontan, häufiger dagegen nach einer Behandlung, sind die ca. 15–30 cm langen und 3–6 mm dicken, gelblich-weißen bis blassrötlichen Rundwürmer auf dem Stallboden oder im Kot der befallenen Tiere zu sehen. Todesfälle treten selten auf. Bei einem hochgradigen Spulwurmbefall können Einzeltiere in Folge eines Darm- oder Gallengangverschlusses verenden.

Ursachen

Die orale Aufnahme von Ascarideneiern mit den entwickelten Larven aus der Stallumgebung oder vom Haarkleid anderer Schweine ist der übliche Infektionsweg, der auch schon von der Sau auf die Ferkel stattfindet. Bereits wenige Stunden nach der Eiaufnahme schlüpfen die Larven im Ma-

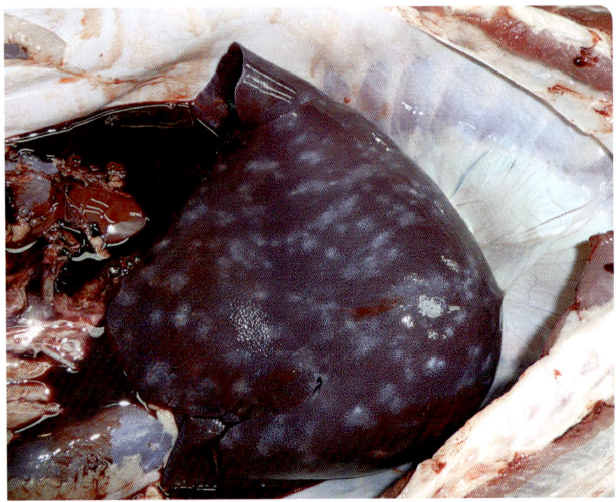

Abb. 63 Häufiger werden Leberveränderungen beim Schlachttier festgestellt.

gendarmkanal und bohren sich durch die Darmwand. Nach einer Körperwanderung durch Leber, Lunge und Speiseröhre gelangen die Larven dann wieder in den Magendarmkanal. Hier entwickeln sich die geschlechtsreifen Parasiten. Die weiblichen Würmer legen täglich über 100.000 Eier, die dann wieder mit dem Kot in die Umwelt ausgeschieden werden. Auf Grund Ihrer klebrigen und sehr widerstandsfähigen Schale können sie überall anheften und lange überleben. Noch nach zehn Jahren ohne Schweinebesatz konnten auf ehemaligen Auslaufflächen für Schweine infektionsfähige Spulwurmeier nachgewiesen werden. Die Lungengewebsschädigungen, die durch die Körperwanderung der Larven entstehen, können direkt zu respiratorischen Symptomen führen oder bakterielle und virale Atemwegsinfektionen fördern. Deutliche entzündliche Gewebsveränderungen sind vor allem an der Leber zu erkennen. Im akuten Fall sind Blutungen sichtbar, während sich häufig bei der Schlachtung die chronischen Veränderungen als weißes Narbengewebe, die so genannten „Milk Spots", darstellen.

Diagnose

Leberverwürfe von über 10 % können schon ein deutlicher Hinweis auf einen erhöhten Spulwurmbefall sein. Im Kot lassen sich die dickschaligen braunen Eier mittels Kotanreicherung und nachfolgender mikroskopischer Untersuchung nachweisen.

Behandlung

Zur Entwurmung stehen orale Antiparasitika oder Injektionspräparate zur Verfügung. Es können Wirkstoffe eingesetzt werden, mit denen ausschließlich die Innenparasiten bekämpft werden und die verhältnismäßig preisgünstig sind und kurze Wartezeiten haben. Um gleichzeitig auch Ektoparasiten, z. B. Räudemilben (siehe dort) zu bekämpfen, sollten Antiparasitika mit einer breiteren Wirkung eingesetzt werden. Diese sind in der Regel deutlich teurer und haben eine längere Wartezeit.

Vorbeuge

Spulwurmfreie Bestände sind zurzeit die Ausnahme, da Infektion und Reinfektion kaum verhindert werden können. Daher fußt die Vorbeuge auf der Verbesserung der allgemeinen Hygiene- und Desinfektionsmaßnahmen in Kombination mit einer strategischen Parasitenbehandlung. Die Ställe müssen gut gereinigt werden, was bei strohloser Aufstallung besser zu erreichen ist. Spezielle Schaumreiniger sind dafür zu empfehlen, damit die klebrigen Wurmeier entfernt werden können. In den gereinigten Ställen sollten neben der Standarddesinfektion auch Präparate eingesetzt werden, die gezielt Spulwurmeier abtöten. Da Spulwurmeier auch am Haarkleid anheften, ist gerade im Ferkelerzeugerbestand das Waschen der Sauen vor Einstallung in den gereinigten und desinfizierten Abferkelstall zu empfehlen. In regelmäßigen Abständen von 4–6 Monaten sollten die Zuchttiere mit Antiparasitika behandelt werden. Je nach Infektionsdruck ist eine Behandlung der Saug- oder Absetzferkel zu empfehlen. In Mastbetrieben hat sich eine Wurmbehandlung im Vormastbereich bewährt. In Problembeständen sollte jedoch auch noch einmal in der Mittelmast behandelt werden. Betrieben mit kontinuierlicher Aufstallung und Stroheinstreu kann geraten werden, den gesamten Bestand im Abstand von 4–6 Wochen einer Wurmbehandlung zu unterziehen.

Verlauf und Ausgang

Eine sichtbare Erkrankung durch *Ascaris suum* ist selten. Nach einer antiparasitären Behandlung heilen die akuten Gewebeveränderungen aus und die Tiere erholen sich innerhalb von 4–6 Wochen.

10.8 Magengeschwür

Magengeschwüre können bei Schweinen aller Altersklassen gefunden werden.

Symptome

Deutliche Symptome werden vor allem bei Aufzuchtferkeln, Mastschweinen oder Jungsauen gefunden. Betroffene Tiere bleiben in der Entwicklung zurück, haben ein struppiges Haarkleid und können eine blasse Hautfarbe zeigen. Bei fortgeschrittener Erkrankung sind eine deutliche Blutarmut (Anämie) und Untertemperatur auffällig. Der Kot kann Blut enthalten und ist oft von auffällig schwarzer Farbe. Akutes Verenden ist möglich. Im Aufzucht- oder Mastbereich sind Magengeschwüre häufig mit Atemwegserkrankungen vergesellschaftet.

Ursachen

Neben Faktoren der Fütterung (zu fein gemahlenes und rohfaserarmes Futter) wird, wie beim Menschen auch, eine länger dauernde Stressbelastung als eine Hauptursache diskutiert, die sich beim Schwein aus einer niederen sozialen Stellung in der Gruppe (z. B. kleinere Tiere) oder aus dem Vorliegen anderer Erkrankungen ergeben kann. Gerade in der Gruppenhaltung sind kleinere oder geschwächte Tiere einer erheblichen Stressbelastung ausgesetzt. Lungenkranke Schweine nehmen weniger Futter auf, so dass durch

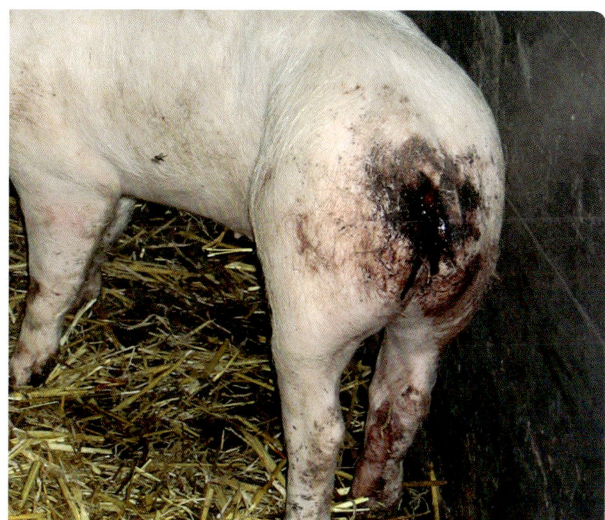

Abb. 64 Schwarzer Kot bei einem blutarmen Tier durch ein Magengeschwür.

direkte Einwirkung der Magensäure auf die Magenschleimhaut bei leerem Magen die Magenschleimhaut gereizt wird und sich entzünden kann. Als Folge können Gewebszerstörungen mit Geschwürsbildung auftreten, die durch kleinere Blutungen gekennzeichnet sind. Da das Blut im Darm den Verdauungssekreten ausgesetzt ist, verfärbt es sich schwarz und ist für den typischen, schwarz-glänzenden Blutstuhl (Meläna) verantwortlich. Durch den chronischen Blutverlust wird auch das körpereigene Abwehrsystem geschädigt und die Tiere werden anfälliger für Infektionskrankheiten, so dass ein Teufelskreislauf in Gang gesetzt wird. Oft treten aber auch plötzlich so starke Blutungen auf, dass die Tiere plötzlich am Blutverlust, bzw. einem hypovolämischen Schock, verenden. Der Vermahlungsgrad des Futters spielt eine bedeutende Rolle bei der Entstehung von Magenulzera und kann mit einer Siebanalyse überprüft werden. Zu fein vermahlenes Futter fördert nachweislich die Entstehung von Magengeschwüren.

Diagnose
Häufig bleibt die Erkrankung unerkannt und wird erst bei einer Sektion festgestellt. Beim Auftreten plötzlicher Todesfälle und blasser Schweine sollte daher immer eine Sektion erfolgen. Kotproben können labordiagnostisch auf Spuren von Blut untersucht werden (Test auf okkultes Blut). Eine latente Blutungsanämie kann durch die Untersuchung einer Blutprobe zur Überprüfung des roten Blutbildes festgestellt werden.

Behandlung
Eine symptomatische Therapie kann durch zusätzliche Eisen- und Vitamingaben erfolgen. Jegliche Stressbelastung sollte minimiert werden. Ein Futterwechsel auf ein Futter mit einem geringeren Vermahlungsgrad und ausreichend Rohfaser kann angezeigt sein. Bakterielle Sekundärinfektionen, die zu Erkrankungen führen, sollten antibiotisch bekämpft werden. Häufig führen Einzelaufstallungen auf Stroh oder zusätzliche Heugaben (Rohfaser) zu einer Ausheilung von weniger hochgradigen Magenschleimhautentzündungen.

Vorbeuge
Der Vermahlungsgrad des Futters sollte überprüft werden: Mindestens 25 % der Futterpartikel sollten > 1 mm sein, höchstens 35 % der Partikel sollten < 0,2 mm sein. Stressbelastungen durch erhöhte Belegdichte, vermehrte Rangordnungskämpfe und schlechtes Stallklima müssen vermieden werden.

Verlauf und Ausgang
Ein fortgeschrittenes Magengeschwür ist beim Schwein therapeutisch kaum zu beeinflussen. Wichtig ist die Diagnose für den Bestand, so dass vorbeugende Maßnahmen eingeleitet werden können.

11 Harn- und Geschlechtsorgane

11.1 PRRS

Das Porzine Reproduktive und Respiratorische Syndrom (PRRS) wurde erstmalig 1987 in Kanada und 1990 in Deutschland beschrieben. Inzwischen ist es in fast allen Ländern mit Schweineproduktion, mit Ausnahme der Schweiz, weit verbreitet.

Symptome

In frisch infizierten Zuchtbeständen tritt ein Abortgeschehen mit Störungen des Allgemeinbefindens bei hochtragenden Sauen auf. Dieses Krankheitsbild spiegelt sich auch in dem deutschen Namen der Erkrankung „Seuchenhafter Spätabort" wieder. In den Niederlanden wurde die Erkrankung als „Abortus Blauw" bezeichnet, da bei den Sauen häufig hochgradige Blauverfärbungen der Ohren und Körperspitzen sowie der Bauchunterseite auftraten. Die Sauen zeigen dann hohes Fieber, Futterverweigerung und Apa-

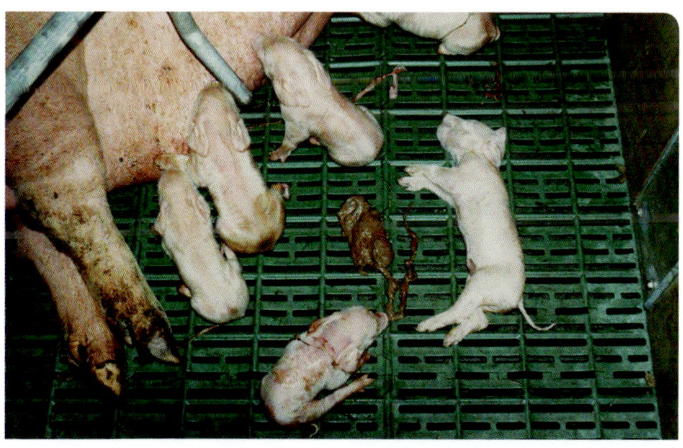

Abb. 65 Mumien, Totgeburten und lebensschwache Ferkel durch eine Infektion mit dem PRRS Virus.

thie. Auch plötzliche Todesfälle werden bei diesem dramatischen Verlauf beschrieben, der inzwischen eher selten zu beobachten ist. Bei milderen Krankheitsverläufen stehen nicht nur die Aborte, eine erhöhte Umrauschquote und eine verminderte Abferkelrate, sondern auch verlängerte Trächtigkeiten sowie das gehäufte Auftreten von Totgeburten und lebensschwachen Ferkeln im Vordergrund.

Der Name der Erkrankung zeigt schon, dass nicht nur der Reproduktionstrakt, sondern auch der Respirationstrakt betroffen sein kann. Der Anteil der Verluste bei Saug- und Absetzferkeln sowie in der Mast kann dann durch Atemwegserkrankungen und Bindehautentzündungen (s. o.) deutlich ansteigen. Bei Mastschweinen sind dies häufig die einzigen Symptome.

Ursachen

Bei der Erkrankung handelt es sich um eine Infektion mit dem PRRS-Virus, das in erster Linie durch andere Schweine übertragen wird, aber auch durch belebte oder unbelebte Vektoren, z. B. über das Futter, in freie Bestände eingeschleppt werden kann. Erregerübertragung zwischen den Schweinen erfolgt durch direkten Kontakt, die Atemluft, über kontaminierte Injektionsnadeln oder Sperma. Erste Zielzellen für das Virus sind die Alveolarmakrophagen, körpereigene Abwehrzellen der Lunge, so dass das Abwehrsystem beeinträchtigt wird, das Virus im Körper streuen und zur Gewebeschädigung führen kann. Auf Grund unterschiedlicher Immunitätslage der Tiere in den Beständen, aber auch durch unterschiedliche Virusstämme, variiert das Krankheitsbild.

Diagnose

Neben den klinischen Symptomen können Sauenplaner-Auswertungen erste Hinweise auf ein Krankheitsgeschehen geben. Ein Virusnachweis sollte aus Lungengewebe, Lymphgewebe und Blut, aber auch aus Abortmaterial versucht werden. Mit Hilfe spezifischer Untersuchungsverfahren lassen sich unterschiedliche Virusstämme identifizieren, um epidemiologische Zusammenhänge aufzudecken. Serologische

Nachweismethoden, v.a. der ELISA, werden routinemäßig zum Antikörpernachweis eingesetzt. Die Interpretation serologischer Befunde ist häufig nicht einfach, da das Virus weit verbreitet ist und in vielen Betrieben geimpft wird.

Behandlung

Eine direkte Behandlung der Virusinfektion ist nicht möglich. Durch den Einsatz von Antibiotika können allerdings bakterielle Sekundärinfektionen bekämpft werden.

Vorbeuge

Virusfreie Bestände müssen vor einer Infektion geschützt werden, indem der Bestand abgeschirmt wird, bzw. mit besonderer Sorgfalt auf den Tier- und Personenverkehr geachtet wird. Bereits infizierte Bestände müssen so stabilisiert werden, dass möglichst keine Symptome auftreten. Von größter Bedeutung ist dafür die Unterbrechung der Infektionsketten durch einen optimalen Tierfluss. Während Saugferkel häufig durch maternale Antikörper geschützt sind, ist dies bei Absetzferkeln und Mastschweinen nicht mehr der Fall. In diesen Altersgruppen kommt es zu einer schnellen Virusvermehrung, so dass sie möglichst von den Zuchttieren getrennt gehalten werden sollten. Es hat sich bewährt, diese Betriebsbereiche auszulagern, um Pingpong-Effekte im Infektionsverlauf zu vermeiden.

Tot- und Lebendimpfstoffe stehen zur Verfügung, mit denen der Aufbau einer Immunität unterstützt und stabilisiert werden kann. Eine generelle Impfempfehlung lässt sich nicht geben, es muss vielmehr nach betriebsspezifischen Lösungen gesucht werden.

Verlauf und Ausgang

Zurzeit ist das PRRS-Virus weit verbreitet. Dramatische Krankheitsbilder werden in Europa eher selten beobachtet, aber das Reproduktionsgeschehen und die allgemeine Bestandsgesundheit werden häufig deutlich negativ beeinflusst. Impfungen können ein Hilfsmittel zur wirkungsvollen Vorbeuge sein, können aber die Infektion und mitunter auch eine Erkrankung nicht sicher verhindern.

11.2 Parvovirusinfektion (SMEDI)

Symptome

Bei dem Begriff „SMEDI“ handelt es sich um eine Abkürzung der englischen Begriffe für sichtbare Schäden der Früchte und Unfruchtbarkeit: Stillbirth (Totgeburt), Mumificaton (Mumienbildung), Embryonic Death (Embryonaler Fruchttod) und Infertility (Unfruchtbarkeit). Die Krankheitssymptome sind häufig eher schleichend und weniger deutlich. Je nachdem, in welchem Trächtigkeitsstadium die Tiere von einer Infektion oder aber auch von nicht infektiösen Ursachen betroffen sind, wie z. B. mit Pilztoxinen belastetem Futter, kommt es zu den unterschiedlichen Krankheitsausprägungen. Infektionen können in der Gebärmutter von Frucht zu Frucht weiter fortschreiten, so dass das typische Bild der Parvovirose mit abgestorbenen oder mumifizierten Embryonen in verschiedenen Entwicklungsstufen entsteht.

Abb. 66 Abgestorbene Feten in unterschiedlichen Entwicklungsstadien.

Ursachen

Parvoviren sind die bedeutsamsten Erreger des SMEDI-Syndroms. Eine Infektion mit dem Porzinen Parvovirus wird häufig mit den SMEDI-Symptomen gleichgesetzt, obwohl auch andere Infektionserreger oder Mykotoxine ein ähnliches Krankheitsbild verursachen. In Grafik 3 sind die häufigsten Erreger dargestellt, wobei die Übergänge im Erscheinungsbild fließend sind. Bei zusätzlichen anderen Infektionen, wie z. B. mit dem PRRS Virus, können beispielsweise gleichzeitig auch Aborte auftreten.

Diagnose

Durch virale Untersuchungen an mumifizierten Früchten oder Totgeburten können Parvoviren nachgewiesen werden. Durch gezielte andere bakteriologische, bzw. virologische Untersuchungen können auch die anderen Erreger des SMEDI-Syndroms erfasst werden. Gepaarte, serologische Untersuchungen in einem Abstand von 3 Wochen können bei frisch infizierten Beständen auf den Erreger als Ursache für das Bestandsproblem hindeuten.

Behandlung

Eine Behandlung ist nicht möglich.

Vorbeuge

Die Parvovirusschutzimpfung hat sich in den Ferkelerzeugerbeständen bewährt und wird meist in Kombination mit der Rotlaufimpfung in einem Impfstoff durchgeführt. Da die Leibesfrucht geschützt werden soll, muss rechtzeitig

- Parvovirose (SMEDI)
- (Entero- und andere Viren)
- M. Aujeszky
- Schweinepest
- PRRS
- PCV II
- Leptospirose
- Brucellose
- Rotlauf
- Influenza
- Andere Bakterien

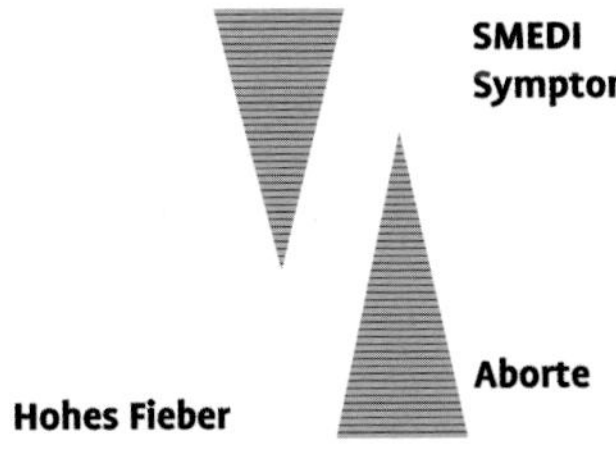

Grafik 3 Infektionskrankheiten und Fruchtbarkeit (nach Plonait u. Bickhardt 1977).

eine Grundimmunisierung erfolgen, die als zweimalige Impfung im Abstand von 3–5 Wochen, 2–3 Wochen vor dem ersten Belegen abgeschlossen sein soll. Gerade der Jungsauenimpfung kommt hier besondere Bedeutung zu, da diese Tiere auf der einen Seite Infektionen gegenüber besonders empfänglich sind, auf der anderen Seite eine wirkungsvolle Immunantwort bei einer Impfung vor dem 180. Lebenstag durch noch vorhandene Antikörper aus der Biestmilch verhindert wird. Einer Eingliederungszeit der Jungsauen kommt für die Prophylaxe der Parvovirose eine große Bedeutung zu. Jede Wiederholungsimpfung sollte in der Säugezeit rechtzeitig vor dem Absetzen erfolgen. In vielen Beständen hat sich auch die Bestandsimpfung bewährt, bei der alle Zuchttiere gleichzeitig in einem Abstand von vier Monaten geimpft werden. Die Durchführung der Impfung ist praktikabler und ein einheitlicher Immunstatus der Herde wird erreicht.

11.3 Abort

Ein Abort ist das Abstoßen der bereits angelegten und nicht lebensfähigen Früchte vor dem 110. Trächtigkeitstag.

Symptome

Im frühen Trächtigkeitsstadium bleibt ein Absterben der Frucht häufig unerkannt. Zwischen dem 10. und 35. Trächtigkeitstag fällt nur ein unregelmäßiges Umrauschen der Sauen auf, während zu späteren Trächtigkeitsstadien Foeten und Eihäute bei Sauen in Einzel- oder Kastenstandhaltung gefunden werden können. In Gruppenhaltung mit zusätzlicher Stroheinstreu gelingt auch dies häufig nicht. Das Allgemeinbefinden der betroffenen Sauen kann abhängig von der Abortursache unterschiedlich stark gestört sein. Die Körpertemperatur ist in der Regel nur geringgradig erhöht und nur eine kurzzeitige Futterverweigerung festzustellen. Bei Virusinfektionen kann auch hohes Fieber auftreten. Je weiter fortgeschritten das Trächtigkeitsstadium ist, desto größer ist die Belastung für die Sauen und um so

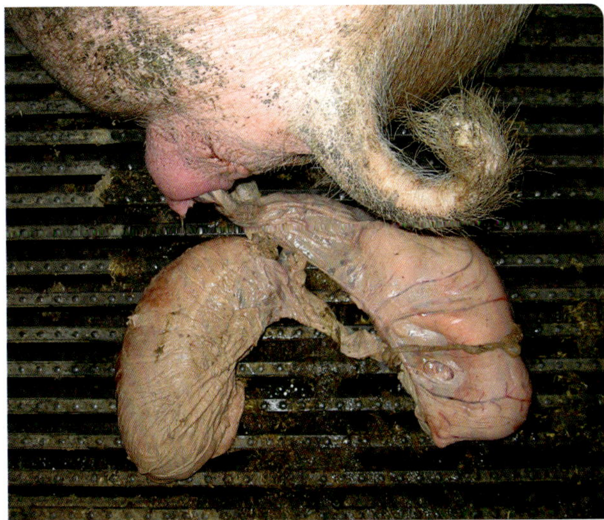

Abb. 67 Ausgetriebene und nicht lebensfähige Früchte mit Nachgeburtsanteilen.

länger dauert die Regeneration des Geschlechtsapparates bis wieder eine Rausche auftritt. Nach dem Abort kann über längere Zeit vermehrter Scheidenausfluss sichtbar sein.

Ursachen

Sehr häufig kann eine primäre Abortursache nicht gefunden werden, zumal Aborte durch Stresseinwirkungen, wie z. B. Klimabelastungen, Behandlungsmaßnahmen oder auch Rangordnungskämpfe ausgelöst werden können. Auch Mykotoxine im Futter oder der Einstreu und generell eine erhöhte Körpertemperatur unterschiedlichster Ursache (intensive Sonneneinstrahlung, systemische Infektion) können die Ursache sein. Bis zu 2 % Aborte innerhalb eines Bestandes können als „normal“ gewertet werden. In nur 15–30 % der Fälle werden eindeutig Aborterreger nachgewiesen. Dazu gehören Rotlauferreger, Brucellen, Leptospiren und Listerien, aber auch unspezifische Keime, wie Streptokokken und *E. coli* können ursächlich beteiligt sein. Aborte werden durch erhöhtes Fieber, eine Schädigung der Plazenta oder Toxinbildung im Fetus ausgelöst. Auch virale Infektionen wie Influenza, PRRSV, die Aujeszkysche Krankheit oder die Schweinepest verursachen durch Körpertemperaturerhöhungen oder direkte Plazentaschädigungen Aborte.

Diagnose

Möglichst frisches Abortmaterial mit Eihäuten sollte auf die in Frage kommenden Erreger untersucht werden. Wichtig ist immer der Ausschluss von Tierseuchen. Die Untersuchung von gepaarten Serumproben auf spezifische Antikörper direkt nach dem Abort und drei Wochen später, kann in frisch infizierten Beständen hilfreich sein. Manche Leptospireninfektionen verursachen jedoch relativ niedrige Titer, die bereits wenige Wochen nach dem Abort schon wieder abgesunken sind. Toxinbelastungen im Futter oder der Einstreu sollten ausgeschlossen werden.

Behandlung

Eine Behandlung entfällt. Eine systemische antibiotische und antientzündliche Behandlung kann ebenso wie eine lokale Behandlung der Gebärmutter (Spülung) die Regeneration fördern.

Vorbeuge

Bei tragenden Tieren sollten stressreiche Belastungen möglichst vermieden werden. Zur Verhinderung spezifischer Infektionskrankheiten können Schutzimpfungen etabliert werden (siehe bei den verschiedenen Erkrankungen).

Verlauf und Ausgang

Wenn die Früchte ohne größere Komplikationen ausgestoßen werden, ist eine gute Regeneration der Gebärmutter möglich. Wenn keine wirtschaftlichen Gründe dagegen sprechen, können die Sauen erneut belegt werden.

11.4 Harnwegsinfektion

Symptome

Jede Veränderung des Harns in Form von Beimengungen oder Farbveränderungen kann ein erster Hinweis auf eine Harnwegsinfektion sein. Oft ist der Urin trüb und mit Flocken durchsetzt und ein Krankheitsverdacht kann gestellt werden. Im Anfangsstadium der Erkrankung zeigen die Sauen selber nämlich kaum Krankheitserscheinungen. Zwar kann die Fresslust der Tiere kurzfristig eingeschränkt sein und mitunter kann gehäufter Absatz geringer Mengen Harn beobachtet werden, jedoch treten in diesem Erkrankungsstadium äußerst selten Temperaturerhöhungen auf. Schreitet die Erkrankung fort, wird Blasenschleimhautgewebe zerstört und es entstehen Entzündungsprodukte, wie Eiter oder Fibrin, die den Harn sichtbar eintrüben. Oft werden beim Harnabsatz mit dem letzten Strahl große Eitermengen abgesetzt. Wird Blasengewebe fortschreitend zerstört, können auch Blutbeimengungen im Harn beobachtet werden und die Tiere zeigen beim Harnabsatz deutliche Schmerzäußerungen, die sich durch einen aufgekrümmten Rücken,

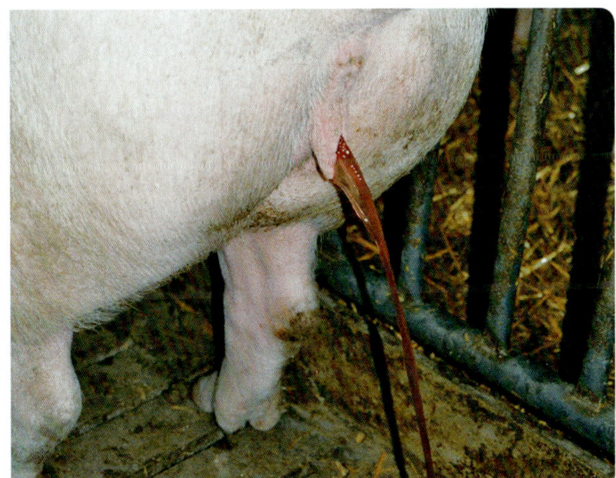

Abb. 68 Blutiger Harn

Pressen oder Stöhnen äußern. Immer wieder kommt es zu Futterverweigerung. Die Körpertemperatur kann von Tag zu Tag deutlich schwanken. Weiter aufsteigend erreicht die Infektion die Nieren und führt dort zu schweren und ebenfalls schmerzhaften Entzündungen. Durch Nierenversagen oder die Streuung der Erreger im Tierkörper kann es zum Verenden von Einzeltieren kommen, bei einem starken Blutverlust über die Harnblase fällt deutliche Blässe bei den Sauen und mitunter auch Festliegen auf. Diese Tiere zeigen häufig Untertemperatur oder aber geringgradiges Fieber. Von der schweren Verlaufsform sind nur Einzeltiere betroffen. Bei einem Bestandsproblem steht als Hauptsymptom eher eine erhöhte Umrauschquote im Mittelpunkt, die letztendlich auf die Harnwegsinfektionen zurückgeführt werden kann.

Ursachen

Die Harnwege der Sauen erkranken in der Regel durch eine aufsteigende Infektion. Insbesondere um den Geburts- und den Belegungszeitpunkt herum können Schmutzkeime, wie z. B. Kolibakterien oder Streptokokken, sich in der Harnblase verstärkt ansiedeln. Dort kommt es zur Bakterienvermehrung und lokalen Entzündung. Durch die um ein Vielfaches erhöhten Keimzahlen im Harn, wird auch, besonders beim Belegen, die Gebärmutter infiziert, so dass es als Folge einer Endometritis zu regelmäßigem oder seltener auch unregelmäßigem Umrauschen in Zeitintervallen zwischen drei bis sechs Wochen kommt und schleimig-trüber oder eitriger Scheidenausfluss sichtbar wird. Harnwegsinfektionen werden oft nicht erkannt. Wie groß das Problem in der Praxis wirklich ist, zeigt sich oft nur an einer hohen Quote krankhaft veränderter Harnorgane bei den Schlachtsauen. In manchen Betrieben, die Bestandsprobleme mit vermehrtem Umrauschen haben, werden bei einem Viertel aller Schlachtsauen krankhafte Veränderungen an den Harnorganen festgestellt. Grundsätzlich wird die Entstehung von Harnwegsinfektionen durch kalte, feuchte Liegeflächen und Zugluft gefördert.

Diagnose

Bei klinisch auffälligen Tieren muss unbedingt der Harnabsatz auf Trübung und Flocken bzw. auf Eiter und Blutbeimengungen kontrolliert werden. Die beschriebenen Veränderungen des Harns können entzündlicher Natur sein, es kann sich aber auch lediglich um eine vermehrte Kristallbildung handeln. Geringgradige, mit bloßem Auge nicht sichtbare, entzündungsbedingte Veränderungen des Harns treten selten auf, so dass man auch nur die tatsächlich veränderten Harnproben einer weiteren Untersuchung unterziehen sollte. Dafür eignet sich die Sammlung einer großen Anzahl an Harnproben (Mittelstrahlurin), der in sauberen Glas- oder Plastikgefäßen, die eine klare, durchsichtige Wandung besitzen, von spontan urinierenden Sauen aufgesammelt wird. Wenn ein Großteil dieser Spontanharnproben getrübt ist, sollten sie auf Erreger untersucht werden. Eine einfache Möglichkeit ist dafür die Verwendung von Eintauchnährböden, die nach einer 24- bis 48-stündigen Bebrütung bei 37 °C auf die tatsächlich vorliegenden Keimzahlen untersucht werden. Zur Identifizierung der tatsächlich beteiligten Erreger und der Anfertigung eines Antibiogramms müssen die bewachsenen Nährböden zusammen mit der Ursprungsharnprobe an ein diagnostisches Labor weitergeleitet werden. Bereits wenn 20 % der Sauen im Betrieb eine Harnwegsinfektion aufweisen, kann davon ausgegangen werden, dass eine vorliegende Umrauschproblematik mit den Harnwegsinfektionen im Zusammenhang steht. Für eine Bestandsdiagnostik ist es sehr hilfreich, die Harn- und Geschlechtsorgane von geschlachteten Sauen adspektorisch und gegebenenfalls bakteriologisch zu untersuchen.

Behandlung

Wenn die Erkrankung früh genug erkannt wird, können die Erreger in den meisten Fällen durch eine antibiotische Behandlung reduziert werden. Der Einsatz entzündungshemmender und schmerzstillender Medikamente kann dann ebenfalls angezeigt sein. Ist die Erkrankung bei vielen Tieren schon weit fortgeschritten, kann durch eine antibiotische Behandlung keine oder nur eine kurzfristige Verbesserung der Bestandsgesundheit erreicht werden. Diese chronisch erkrankten, Keime ausscheidenden Tiere sollten aus dem Bestand entfernt werden.

Vorbeuge

Das Betriebsmanagement im Abferkelstall und Deckzentrum muss daraufhin überprüft werden, ob aufsteigende Harnwegsinfektionen durch fehlerhafte Geburtshilfe oder unhygienisches Arbeiten beim Besamen entstehen.

Gleichzeitig müssen die ausreichende Wasserversorgung der Sauen sichergestellt und das Stallklima überprüft werden. Alle Schweine müssen jederzeit Zugang zu frischem Trinkwasser haben. Bewegung fördert den Harnabsatz. In Problembeständen können die Fütterungsintervalle in Kastenständen erhöht werden, damit die Tiere häufiger aufstehen, Harn lassen und dann auch mehr Wasser aufnehmen. Die Luftführung in den Abteilen sollte überprüft werden, da kalte Zugluft im Bereich des Rückens und der Scheide der Tiere unbedingt vermieden werden muss. Es sollte aufgezeichnet werden, wo die erkrankten Tiere gestanden haben, denn häufig erkranken Sauen in der Nähe von Türen,

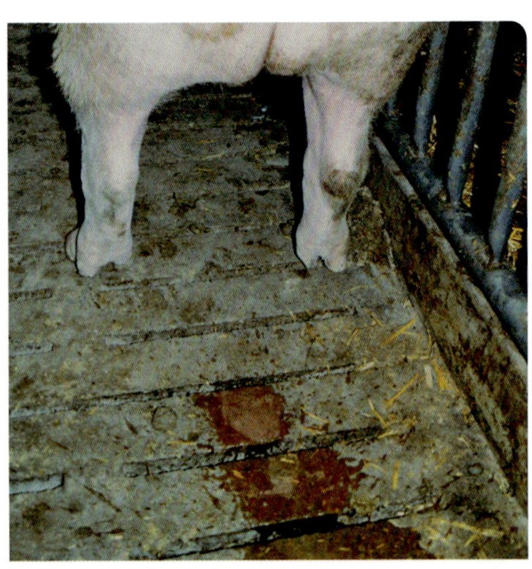

Abb. 69 Der letzte Harnstrahl enthält häufig Eiterbeimengungen.

wenn kalte Luft von oben herab fällt oder durch die Spalten hochsteigt. So dürfen die Güllekanäle auch nicht zu tief sein. Im Deckzentrum und Abferkelstall sollte die Zuluftführung, wenn möglich, im Bereich der Köpfe erfolgen. Eine gute Isolation der Bodenfläche ist wichtig und im Winter kann es nötig sein, eine zusätzliche Heizmöglichkeit zu schaffen.

Auch bestimmte Fütterungsmaßnahmen können zur Vorbeugung der Krankheitsentstehung umgesetzt werden. Spezialfuttermittel oder Ergänzer mit harnsäuernden Substanzen, die um den Geburtszeitpunkt herum gegeben werden, haben sich bewährt. Wenn sich der Harn pH-Wert im sauren Bereich befindet, wird die Keimmenge im Harn verringert. Der intensive Einsatz von kalziumreichen Säugefutter vor der Geburt sollte auch aufgrund seiner säureabpuffernden Wirkung vermieden werden. Für die Geburtsvorbereitung kann Säugefutter mit Gerste verschnitten und zusätzlich mit Biertreberhefe oder Methionin ergänzt werden.

Verlauf und Ausgang

Wenn blutiger Harn mit Gewebebestandteilen abgesetzt wird, ist die Prognose für das Tier sehr ungünstig. In vielen Betrieben bleiben Harnwegsinfektionen unerkannt und sind latent vorhanden.

11.5 MMA

Der Mastitis-Metritis-Agalaktie-Komplex ist eine Erkrankung der Sau nach der Geburt. Da meist nur ein Symptom, bzw. die Erkrankung eines Organsystems dominiert, ist der Begriff irreführend. Die Erkrankung wird daher auch als Postpartales Dysgalaktiesyndrom bezeichnet. Schon während der Geburt oder direkt nach dem Abferkeln können Gesäugeentzündungen (Mastitis), Gebärmutterentzündungen (Endometritis) oder Milchmangel (Agalaktie) auftreten. Die Ursachen für alle drei Erkrankungen hängen eng zusammen und können auch gemeinsam als Krankheitskomplex in Erscheinung treten.

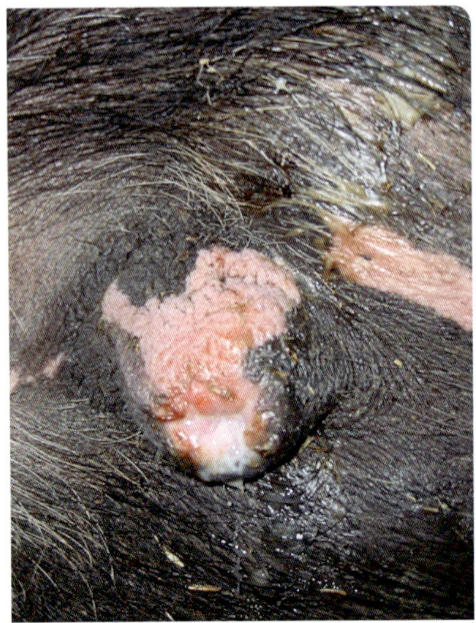

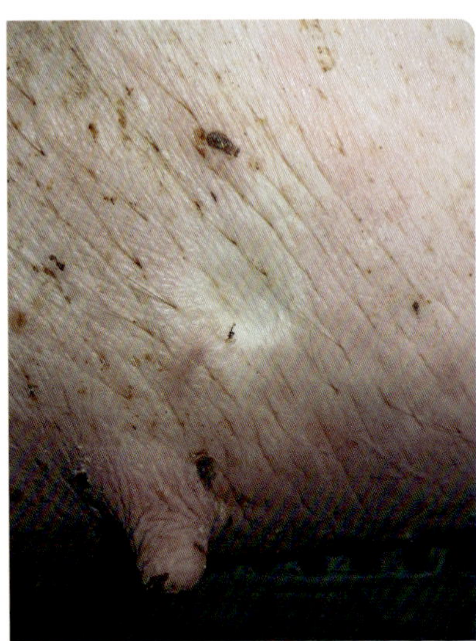

Abb. 70 (links)
Eitriger Scheidenausfluss durch eine Gebärmutterentzündung.

Abb. 71 (rechts)
Gesäugleiste mit deutlicher Ödembildung.

Symptome

Die Sauen verweigern das Futter und weisen eine erhöhte Körpertemperatur von über 39,5 °C auf. Das Allgemeinbefinden kann unterschiedlich deutlich beeinträchtigt sein. Bei einer Gesäugeentzündung sind die Gesäugekomplexe vermehrt warm oder sogar heiß und geschwollen. Einzelne oder mehrere Zitzenkomplexe können fest und hart oder auch teigig sein. Die Milch kann unverändert, flockig oder sogar wässrig sein. Oft ist kaum Milch zu ermelken. Im weiteren Verlauf der Erkrankung können die Komplexe sich dauerhaft verhärten und vollständig veröden.
Oft geht den Symptomen ein verzögerter Geburtsverlauf voraus, der auch ganz zum Erliegen kommen kann, so dass Geburtshilfe geleistet werden muss. Die Folge ist eine Häufung toter und lebensschwacher Ferkel. Noch Tage nach Geburtsbeginn können tote Ferkel oder Nachgeburtsreste ausgetrieben werden.

In der Nachgeburtsphase ist dann gräulich-weißer oder eitriger Scheidenausfluss sichtbar. Fäulnisgeruch kann auffallen. Die Sau setzt kaum oder sehr festen und trockenen Kot ab, auf dem Fibrinauflagerungen sichtbar sein können. Ist das Gesäuge stark entzündlich verändert, liegen die Sauen häufig bevorzugt auf dem Bauch und stehen nur widerwillig auf. Ihre Ferkel lassen sie nicht saugen und die Milchleistung geht deutlich zurück. Nach anfänglich normaler Milchproduktion kann diese dann schon innerhalb von 24 bis 48 Stunden nach der Geburt vollkommen versiegen. Da die Ferkel nicht regelmäßig saugen können, laufen sie unruhig umher, bevor sich nach wenigen Stunden der Mangel an Energie und Flüssigkeit bemerkbar macht. Die Ferkel zeigen eingefallene Flanken, leere Bäuche und kühlen aus. Häufig liegen sie wie im Stall verstreut, da sie zu schwach sind, um weiter zu saufen oder das wärmende Ferkelnest aufzusuchen. So nimmt der Anteil der erdrückten Ferkel deutlich zu und Durchfallerkrankungen treten auf, da nicht ausreichend Biestmilch von guter Qualität aufgenommen werden konnte. Auch in der weiteren Aufzucht bleiben betroffene Saugferkel in der Entwicklung zurück.

Ursachen

Eine wichtige Rolle bei der Entstehung der MMA spielt der Erreger *E. coli*, der überall vorkommt und Fieber, Gesäuge-, Harnwegs- und Gebärmutterentzündungen verursachen kann. Prädisponierend kann die Fütterung der Sau in der Trächtigkeit und um den Geburtszeitpunkt herum sein, da der Organismus durch Bakterien und Toxine belastet wird, die bei Verdauungsstörungen als Folge plötzlicher Futterwechsel oder auch bei zu gut- oder mangelernährten Sauen auftreten. Zusätzlich negativ wirkt es sich aus, wenn die Sauen aus der Gruppenhaltung mit viel Bewegung und einem Futter mit hohem Rohfaseranteil in den Abferkelstall mit wenig Bewegung und energiereichem und rohfaserärmeren Futter umgestallt werden. Die Folge kann eine herabgesetzte Darmperistaltik sein, die zu verschleppten Geburten führen kann. Geburtshilfliche Maßnahmen werden dann die Sau zusätzlich belasten.

Diagnose

Anhand der klinischen Symptome kurz nach der Geburt ist die Diagnose in der Regel eindeutig. Kolibakterien, aber auch andere Infektionserreger, können in der Milch oder der Gebärmutter nachgewiesen werden.

Behandlung

Durch eine antibiotische, entzündungshemmende und schmerzlindernde Behandlung der Sau, muss der Gesäuge- und Gebärmutterentzündung entgegengewirkt werden. Wichtig ist, dass die Ernährung der Ferkel gesichert ist. Durch Oxytocin, das die Wehen und die Milchabgabe fördert, können die Reinigung und Rückbildung der Gebärmutter, aber auch der Milchfluss unterstützt werden. Auch Langzeitformulierungen für Oxytocin sind verfügbar. Eine positive Wirkung homöopathischer Arzneimittel rund um die Geburt wird von einigen Anwendern beschrieben. Mit Milchaustauschern oder Elektrolyttränken muss die Mangelernährung der Ferkel bekämpft werden.

Vorbeuge

Schonende Umstellung der Fütterung um den Geburtszeitraum sowie ein den physiologischen Leistungen der Sau angepasstes Futter sind die wichtigsten Vorbeugemaßnahmen. Der Energie- und Rohfasergehalt sowie die Zusammensetzung der Mineralstoffe und Vitamine sollte überprüft werden. Am Tag der Geburt sollte das Futter nicht vollständig reduziert werden. In vielen Betrieben hat sich ein spezielles Geburtsvorbereitungsfutter bewährt. Grundsätzlich müssen Verstopfungen vermieden werden, daher sollten zusätzliche Wassergaben sicherstellen, dass die Sauen genügend saufen.

Verlauf und Ausgang

Eine möglichst frühe Behandlung ist wichtig, so dass der Tierbeobachtung eine besondere Bedeutung für die frühzeitige Krankheitserkennung zukommt. In Problembetrieben empfiehlt sich eine regelmäßige Körpertemperaturkontrolle bei den abferkelnden Sauen. Nach überstandener Erkrankung muss das Gesäuge auf bleibende Schäden untersucht

Abb. 72 Binneneber: Nur ein Hoden ist äußerlich sichtbar.

werden, gegebenenfalls müssen die betroffenen Sauen von der weiteren Zuchtnutzung ausgeschlossen werden.

11.6 Missbildungen der Geschlechtsorgane: Binneneber, Bruchferkel, Zwitter

2–3 % der Saugferkel weisen angeborene Missbildungen auf. Die folgenden Missbildungen der Geschlechtsorgane werden am häufigsten gefunden.

Symptome

Beim Binneneber oder Kryptorchiden ist ein Hoden unvollständig aus der Bauchhöhle abgestiegen, so dass er nicht im Bereich des Hodensacks, unterhalb vom Anus, zu sehen und zu fühlen ist, sondern sich in der Bauchhöhle zwischen der Niere und dem Leistenring befindet. In seltenen Fällen können auch beide Hoden nicht abgestiegen sein. Bei einem unvollständigen Abstieg kann sich der Hoden auch am Unterbauch im Bereich der Leiste oder sogar in der Kniefalte befinden. Das Allgemeinbefinden der Tiere ist ungestört.

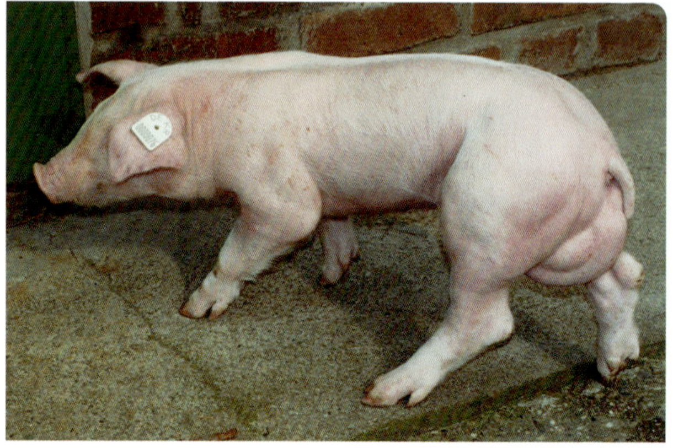

Abb. 73 Darmanteile sind bei einem Bruchferkel in den Hodensack vorgefallen.

Die so genannten Bruchferkel haben in der Regel einen Leisten- oder Hodensackbruch (Hernia inguinalis, Hernia inguinalis et scrotalis). Meistens sind männliche Tiere einseitig betroffen, während ein beidseitiges Auftreten oder das Vorkommen beim weiblichen Ferkel selten sind. Durch den vergrößerten Leistenring stülpt sich das Bauchfell außen unter die Haut und kann wie beim Nabelbruch (s. o.) Darm oder Netzanteile enthalten. Der Hodensack ist häufig vergrößert und Darmanteile sind deutlich zu fühlen. Das Allgemeinbefinden ist in der Regel ungestört, aber wie beim Nabelbruch kann es auch hier zu Verwachsungen oder zum Einklemmen von Darmanteilen kommen, die dann zu schweren Störungen des Allgemeinbefindens oder zum Tode führen können.

Der Zwitter oder Pseudo-Hermaphrodit ist eine Mischform mit weiblichen und männlichen Geschlechtsanteilen der unterschiedlichsten Ausprägungen. Häufig erscheinen die betroffenen Tiere den äußeren Geschlechtsmerkmalen nach weiblich zu sein, aber die Klitoris am unteren Scheidenrand ist penisartig vergrößert. An der Bauchunterseite ist eine Präputialfalte zu erkennen und der Harn wird wie beim Eber stoßweise abgesetzt. Meist sind sowohl paarig Hoden als auch eine Gebärmutter ausgebildet.

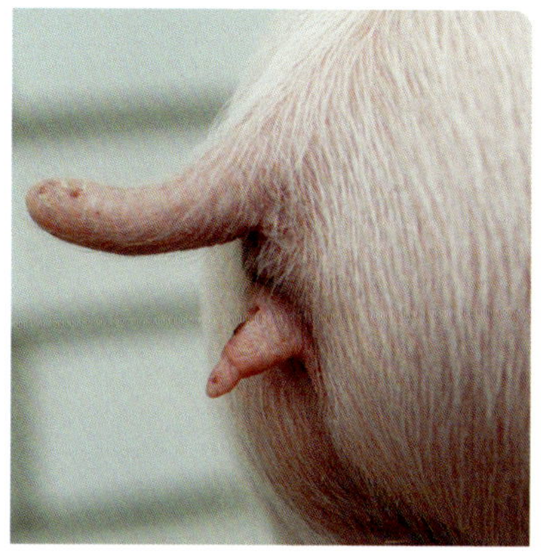

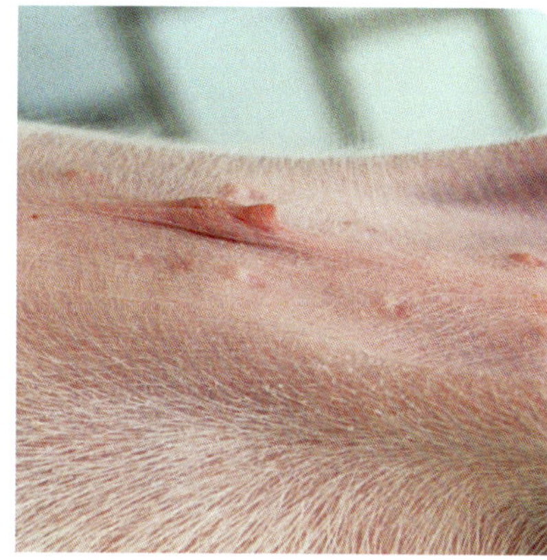

Abb. 74 (links) Eine penisartige Vergrößerung an der Scheide bei einem Zwitter

Abb. 75 (rechts) Eine Präputialfalte ist ein sicherer Hinweis auf einen Zwitter.

Ursachen

Es handelt sich um angeborene Missbildungen, die zu den Erbfehlern gezählt werden. Eine genetische Häufung kann zwar vereinzelt festgestellt werden, aber ein genauer Erbgang ist nicht bekannt.

Diagnose

Aufgrund der äußeren Ausprägung ist die Diagnose eindeutig. Bei sehr jungen Ferkeln können Brüche allerdings übersehen werden. Wenn eine Unsicherheit bezüglich des Vorliegens eines Bruches besteht, sollte der Zeitpunkt der routinemäßigen Kastration nach hinten verschoben werden. Wenn bei geschlechtsreifen Mastschweinen der Verdacht auf Kryptorchismus besteht, kann die Größe der Bulbourethraldrüsen von rektal kontrolliert werden. Wenn männliche Geschlechtshormone produziert werden, ist sie nämlich deutlich größer als bei Kastraten.

Behandlung

Bei Bruchferkeln und Binneneber ist eine Operation unter Narkose gut möglich. Die Hoden werden operativ aus der Bauchhöhle entfernt. Bei den Bruchferkeln wird der Darm in die Bauchhöhle zurückverlagert und der vergrößerte

Leistenring mit einer entsprechenden Naht verschlossen. Die betroffenen Tiere sollten sobald wie möglich operiert werden, damit es nicht zu Darmverwachsungen kommt, die eine Operation komplizieren.

Auch beim Zwitter ist eine Operation möglich. Die Keimdrüsen sollten früh entfernt werden, da sie ja männliche Geschlechtshormone produzieren und Ebergeruch verursachen können. Bei älteren Tieren liegt häufig eine mit Eiter gefüllte Gebärmutter vor, die mit entfernt werden muss. Je nach Ausprägung ist die Operation nicht ganz einfach und die Wirtschaftlichkeit dieses Eingriffs muss abgewogen werden. In der Regel können die Tiere auch vor Eintritt der Geschlechtsreife ohne Beeinträchtigung der Fleischqualität geschlachtet werden.

Vorbeuge

Eine Zuchtauswahl sollte durch sorgfältiges Monitoring auf angeborene Missbildungen getroffen werden.

Verlauf und Ausgang

Betroffene Ferkel entwickeln sich häufig ohne Probleme, aber aus wirtschaftlichen Gründen ist die Operation oder die frühzeitige Verwertung zu empfehlen.

11.7 Scheidenvorfall

Symptome

Bei einem Scheidenvorfall ist anfangs häufig nur eine Vorwölbung der Scheide zu sehen, die auch nur zeitweise oder nur im Liegen auftreten kann. Hochtragende ältere Sauen sind häufiger betroffen, da durch die Tracht der Druck auf das Scheidengewebe zunimmt und durch die Östrogenwirkung das Gewebe und die Bänder sich dehnen. Im weiteren Verlauf können immer mehr Anteile der Scheide vorfallen, so dass ein großer Bereich nach außen gestülpt ist. Das Scheidengewebe schwillt schnell an und ist gerötet. Es ist sehr empfindlich, so dass schnell Verletzungen durch Bewegung, die Stalleinrichtung oder andere Schweine entstehen. Die

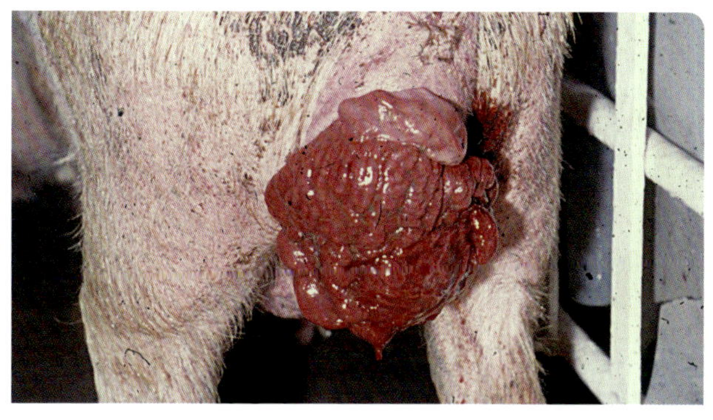

Abb. 76 Scheidenvorfall.

Sauen pressen verstärkt, da das Gewebe gereizt und schmerzhaft ist. Muskulatur und Schleimhaut entzünden sich zunehmend. Gewebsbereiche können absterben und sich schwarz verfärben. Gleichzeitig kann die Harnröhre zuschwellen oder die gesamte Harnblase in den Vorfall zurückschlagen, so dass kein Harnabsatz mehr möglich ist. Das Allgemeinbefinden der Tiere verschlechtert sich dann zunehmend.

Ursachen

Eine genetisch- oder altersbedingte Bänderschwäche und die hormonartige Wirkung von Mykotoxinen werden als mögliche Ursachen in Betracht gezogen. Durch eine übergroße Tracht oder durch die Haltung, z. B. Stufen hinter der Sau oder schräge Fußböden im Wartebereich, kann der Druck auf die Scheide erhöht sein. Verletzungen durch andere Tiere, an der Stalleinrichtung oder durch unsachgemäße Geburtshilfe können einen Pressreiz auslösen und so das Auftreten fördern. Parallel liegt häufig auch ein Mastdarmvorfall (s. o.) vor.

Diagnose

Die Diagnose ist klinisch eindeutig zu stellen.

Behandlung

Im Anfangsstadium der Erkrankung kann durch eine günstigere Aufstallung möglicherweise ein Fortschreiten verhindert werden. Ansonsten muss die Scheide manuell zurückverlagert werden und sollte bis zum Geburtstermin operativ verschlossen werden. Bei bekanntem Abferkeltermin kann unter Umständen die Geburt hormonell eingeleitet werden. Nach der Geburt und Abgang der Nachgeburten sollte die Scheide direkt wieder verschlossen werden.

Vorbeuge

Betroffene Sauen sollten nicht wieder belegt werden. Bei gehäuftem Auftreten sollte die Haltung überprüft und optimiert werden. Futter und Einstreu sollten auf Mykotoxinbelastungen überprüft werden.

Verlauf und Ausgang

Im frühen Stadium kann die Scheide operativ verschlossen werden, aber häufig sind Schwierigkeiten bei der Geburt zu erwarten.

11.8 Gebärmuttervorfall

Symptome

In der Zeit kurz nach dem Abferkeln können Teile oder auch nahezu die gesamte Gebärmutter aus der Scheide vorfallen. Häufig sind Altsauen betroffen, die im Vorfeld einen Scheidenvorfall (s. o.) zeigten. Das Allgemeinbefinden ist gering- bis hochgradig gestört.

Ursachen

Wie beim Scheidenvorfall werden eine genetisch- oder altersbedingte Bänderschwäche und die hormonartige Wirkung von Mykotoxinen als mögliche Ursachen in Betracht gezogen. Auch die Fehldosierung von Wehenmitteln kann einen Vorfall auslösen.

Diagnose

Die Diagnose ist klinisch eindeutig zu stellen.

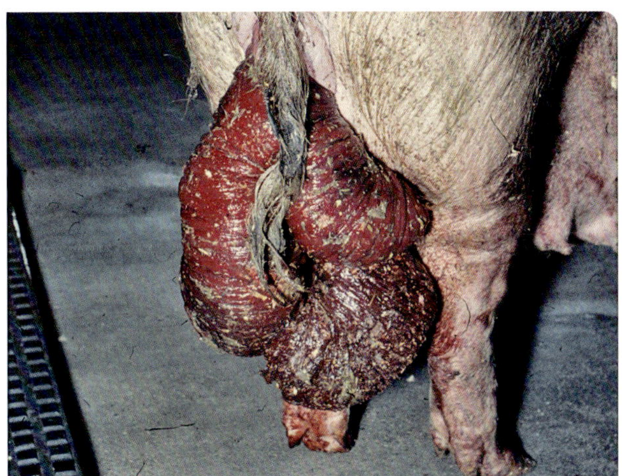

Abb. 77 Große Teile der Gebärmutter sind vorgefallen.

Behandlung

Es muss versucht werden, die vorgefallenen Gebärmutteranteile wieder zu reponieren. Danach muss die Scheide operativ verschlossen werden. Falls das Zurückverlagern nicht gelingt, ist die direkte Verwertung des Tieres angeraten. Falls dies nicht möglich ist oder die Gebärmutter verletzt ist, besteht auch die Möglichkeit einer Amputation. Allerdings ist das Risiko, dass die Sau verblutet oder am Kreislaufversagen verendet, relativ hoch.

Vorbeuge

Die Zuchtauswahl sollte überprüft werden. Bei vermehrtem Auftreten müssen das Futter und die Einstreu auf Mykotoxinbelastungen überprüft werden. Geburtshilfe und der Einsatz von Wehenmitteln müssen sehr sorgfältig durchgeführt werden.

Verlauf und Ausgang

Die weitere Zuchtnutzung der Sau muss unterbleiben. Falls eine Amputation durchgeführt wurde, ist das Risiko von Komplikationen relativ hoch.

11.9 Mykotoxikosen

Symptome

Zearalenon wird bei weiblichen Tieren mit Scheidenschwellung, -rötung und Gesäugeanbildung, unabhängig vom jeweiligen Reproduktionsstatus und Alter in Verbindung gebracht. Selbst bei wenige Tage alten Saugferkeln können diese Erkrankungsanzeichen beobachtet werden. Bei geschlechtsreifen Sauen kann sich eine so genannte Pseudobrunst ohne eine Duldung des Ebers zeigen. Nicht direkt sichtbar sind die Einflüsse von Mykotoxinen auf die Eierstöcke und die Gebärmutter. Funktionskörper auf den Eierstöcken können sich zurückbilden und Zysten können entstehen. Es tritt vermehrt Umrauschen auf, wobei dieses regelmäßig alle 21 Tage oder auch unregelmäßig sein kann. In vielen Fällen zeigen Sauen keine oder nur schwache Rauschesymptome. Die Gebärmutter kann sich mit Flüssigkeit füllen, so dass Sauen fälschlicherweise als tragend gekennzeichnet werden. Bei bereits tragenden Sauen kann die Entwicklung der Embryonen so gestört werden, dass diese teilweise oder vollständig absterben oder vermehrt lebensschwache oder grätschende Saugferkel auftreten. Bei männlichen Tieren wird das Hodengewebe mit der Folge einer mangelhaften Spermaqualität zurückgebildet. Im Zusammenhang mit einem erhöhten Zearalenongehalt sind auch vermehrt Mastdarmvorfälle beschrieben worden.

Trichothecene zerstören Körperzellen in Organen mit einer raschen Zellerneuerung, so dass vor allem die Haut, die Schleimhaut des Magen-Darmkanals, der Geschlechtsorgane und die körpereigenen Abwehrzellen betroffen sind. Das sichtbare Krankheitsbild ist aufgrund der unterschiedlichen Organmanifestationen nicht immer eindeutig. Im Gegensatz zur Zearalenonvergiftung können bei einer starken Belastung mit Trichothecenen Futterverweigerung, Durchfall, evtl. sogar blutig, und Erbrechen beobachtet werden. Aborte oder Würfe mit totgeborenen oder wenigen und schwachen Ferkeln können vorkommen. Bei chronischen Vergiftungen mit geringer Dosis können Leistungsminderung und Kümmern auftreten. Von entscheidender Bedeu-

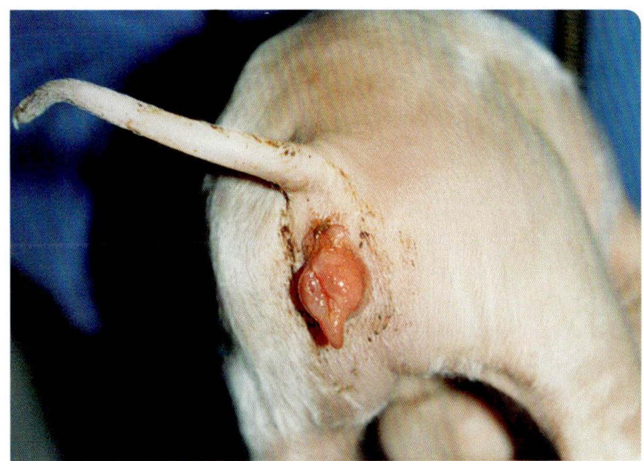

Abb. 78 Geschwollene und gerötete Scheiden bereits bei Saugferkeln.

tung ist sicherlich die Beeinträchtigung der körpereigenen Abwehr, die eine Immunschwäche nach sich zieht, so dass zahlreiche andere infektiöse Erkrankungen, wie z. B. Saugferkeldurchfall durch *E.coli* oder die Schweinedysenterie in den Vordergrund treten können. Es wird auch immer wieder von Impfdurchbrüchen berichtet, bei denen es trotz regelmäßiger Impfung, z. B. gegen PRRS, Parvovirose oder Rhinitis atrophicans, zu einem erneuten Krankheitsausbruch kommt.

Am längsten bekannt sind die durch das Mutterkorn, der violetten Dauerform des Feldpilzes *Claviceps purpurea*, hervorgerufenen Erkrankungen. Bei betroffenen Sauen werden eine mangelhafte Gesäugeanbildung und Milchmangel mit schwerwiegenden Folgen für die Ferkel beobachtet. Es können vermehrt Aborte und Gebärmutterentzündungen, im weiteren Verlauf mit Umrauschen und Unfruchtbarkeit, beobachtet werden. Es wird vermutet, dass abgestorbene Ohr- und Schwanzspitzen auf mykotoxinbedingte Durchblutungsstörungen dieser peripheren Körperteile zurückzuführen sind.

Bei einer Schimmelpilzbildung im Lager können die Ochratoxine entstehen, die primär das Nierengewebe schädigen. Die betroffenen Schweine können weniger Wasser rückresorbieren und setzen vermehrt einen wenig konzentrierten Harn ab und müssen entsprechend viel saufen. Die Tiere kümmern. Bei toten Tieren sind typische Veränderungen der Nieren erkennbar.

Ursachen

Es sind etwa 200 verschiedene Schimmelpilze bekannt, die teilweise mehrere Giftstoffe produzieren. So gibt es vermutlich mehr als 400 unterschiedliche Mykotoxine, wovon ca. 60 chemisch definiert und gerade einmal 25 nachweisbar sind. Das Mykotoxin Zearalenon hat eine hormonartige Wirkung, die dem Östrogen entspricht, so dass vor allem die Geschlechtsorgane beeinflusst werden. Fusarienpilze bilden auch die Trichothecene als eine Gruppe von chemisch ähnlichen Toxinen. Als so genanntes Leittoxin wird in der Regel das Desoxynivalenol, abgekürzt DON, untersucht. Wenn dieser Giftstoff nachgewiesen wird, ist zu vermuten, dass noch weitere Mykotoxine vorliegen.

Auch bei einer Mutterkornvergiftung handelt es sich um eine Gruppe von mehreren Mykotoxinen, die unter dem Begriff Ergotalkaloide zusammengefasst werden. Diese Substanzen haben ebenfalls hormonartige Wirkungen. Für die Pathogenese der Erkrankung bedeutsam ist dabei die Hemmung des Prolaktins, dem wichtigsten Hormon für die Gesäugeanbildung und die Milchbildung.

Diagnose

Zusammenfassend lässt sich sagen, dass bei einem erhöhten Mykotoxingehalt im Futter, neben den beschriebenen, relativ spezifischen Symptomen durch hormonartige Wirkungen, auch unspezifische Symptome vorkommen. Durchfall, Erbrechen, plötzliche Todesfälle, unbefriedigende Futteraufnahme, MMA-Erkrankungen, SMEDI-Symptome und herabgesetzte Aufzuchtleistungen können auch mit einer Mykotoxinbelastung im Zusammenhang stehen.

Futtermittel fallen möglicherweise bei einer Sinnenprüfung bereits als verschimmelt auf oder es ist eine Beziehung zu klimatischen Einflüssen oder Lagerbedingungen herzustellen. Durch den Tierarzt sollten die erkrankten Tiere untersucht werden. Um infektiöse Krankheitsursachen auszuschließen, müssen entsprechende diagnostische Proben entnommen und untersucht werden. Im Verdachtsfall sollten mindestens 500–1000 g einer Futterprobe zur Untersuchung eingeschickt werden. Das relativ preiswerte ELISA-Schnellverfahren zur Untersuchung auf Mykotoxine kann erste Hinweise auf eine Belastung geben. Genauer, aber wesentlich teurer ist eine Untersuchung mit der HPLC (High Pressure Liquid Chromatographie). DON und Zearalenon werden bei Erkrankungen am häufigsten nachgewiesen und sollten unbedingt in die Untersuchung miteinbezogen werden. Schon ab 0,5 mg DON und 0,05 mg Zearalenon/kg Futter sind Gesundheitsschäden zu erwarten. Bis heute liegen für diese Leittoxine nur Orientierungswerte vor, da nicht auf alle vorkommenden Mykotoxine untersucht werden kann und da wenig über das Zusammenspiel der Giftstoffe bekannt ist. Beim Vorkommen mehrerer Toxine kann sich deren Wirkung potenzieren.

Neben dem Futter können aber auch Weizenkleie und Stroh sehr stark mit Toxinen belastet sein. Rückstände der Toxine lassen sich auch im Blut oder der Gallenflüssigkeit nachweisen. Für die Diagnostik ist jedoch die Untersuchung von Futterproben angezeigt.

Behandlung

Eine Behandlung der Tiere ist nicht möglich. Irreversible Schäden durch Mykotoxine sind beschrieben. Belastetes Futter muss sofort abgesetzt und die Ration umgestellt werden. Ein Verschneiden mit unbelastetem Futter ist möglich, damit die Grenzwerte nicht überschritten werden. Die Vitamingehalte im Futter sollten erhöht und die Spurenelementversorgung optimiert werden. Auf keinen Fall sollte mykotoxinverdächtigtes Futter an Zuchttiere verfüttert werden. Auf dem Markt werden auch zahlreiche potentiell toxinbindende Zusatzstoffe angeboten, die aber häufig nicht nur die Toxine, sondern auch wichtige Futterinhaltsstoffe binden. Wissenschaftliche Untersuchungen zur Wirkung und Effektivität dieser Toxinbinder sind selten, so dass es fraglich ist, ob die zusätzlich entstehenden Futterkosten gerechtfertigt sind.

Vorbeuge

Für das Wachstum benötigen die Pilze Sauerstoff, Feuchtigkeit und eine optimale Temperatur zwischen 12 und 25 °C. Es wird zwischen Feld- und Lagerpilzen unterschieden. Die Feldpilze befallen die noch wachsende Pflanze meist zum Ende der Vegetationsperiode. Sie brauchen einen Mindestfeuchtigkeitsgehalt von über 18 %. Zu ihnen zählen die Fusarienarten, aber auch *Claviceps purpurea*, der Pilz des Mutterkorns. Häufig ist der Pilzbefall bereits auf dem Acker mit bloßem Auge zu erkennen, wobei deutliche Unterschiede zwischen den verschiedenen Getreidearten und -sorten bestehen. So sind z. B. Mais und Hafer am häufigsten betroffen, dicht gefolgt von Weizen, Triticale und Gerste. Nicht unerheblich sind die Lage und die Bearbeitung des Schlages, die Fruchtfolge und die Witterungsbedingungen.

Lagerpilze wachsen auf der geernteten Pflanze bzw. der geernteten Frucht. Beschädigte und mangelhaft entwickelte Körner werden bevorzugt befallen, so dass bereits durch schonende Ernteverfahren einem Schimmelpilzbefall im Lager vorgebeugt werden kann. Aspergillus- und Penicilliumarten gehören zu den Hauptvertretern der Lagerpilze, die für ihr Wachstum einen Feuchtigkeitsgehalt von etwa 13–15 % brauchen. Um Schimmelpilzwachstum zu vermeiden, muss das Getreide gut getrocknet eingelagert werden. Nach der Einlagerung kann es möglicherweise durch ungeeignete Lagerbedingungen, Schwitzwasserbildung, Schadnager- oder Kornkäferbefall zu einer erneuten Feuchtigkeitsbildung und Verderb des Futtermittels kommen.

Verlauf und Ausgang

Mykotoxikosen führen häufig zu langwierigen aber wenig spezifischen Beeinträchtigungen der Tiergesundheit. Erst durch die Umstellung der Fütterung wird in der Regel eine Verbesserung erreicht.

12 Atemwege

12.1 Erkrankungen der Atemwege

Symptome

Neben den bereits beschriebenen Erkrankungen der Nase führen insbesondere Erkrankungen der Lunge zu deutlichen respiratorischen Symptomen, die nicht immer eindeutig einer bestimmten Krankheit zuzuordnen sind.

Erste Anzeichen einer Atemwegserkrankung sind eine erhöhte Atemfrequenz bei körperlicher Belastung oder sogar schon in Ruhe und vermehrter Husten, zuerst nur bei körperlichen Belastung, z. B. nach dem Auftreiben der Tiere. Dieser Husten wird auch als „Begrüßungshusten" bezeichnet, da die Schweine beim Betreten des Stalles aufspringen, vermehrt umherlaufen und so der Hustenreiz durch die in Bewegung gebrachte, vermehrte Flüssigkeit in den Atemwegen ausgelöst wird. Als Folge wird vermehrt

Abb. 79 Hundesitzige Stellung bei schweren Erkrankungen der Atemwege .

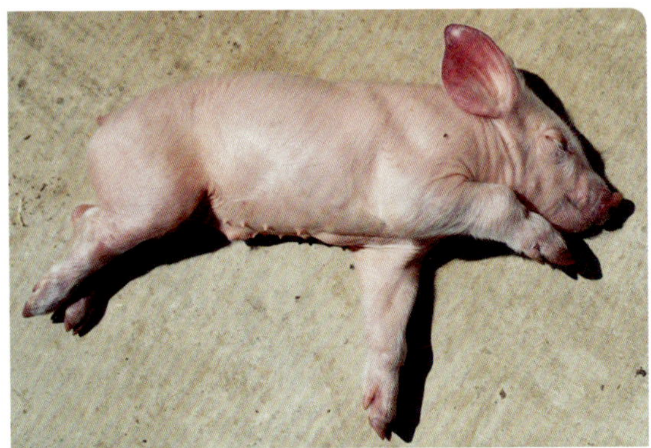

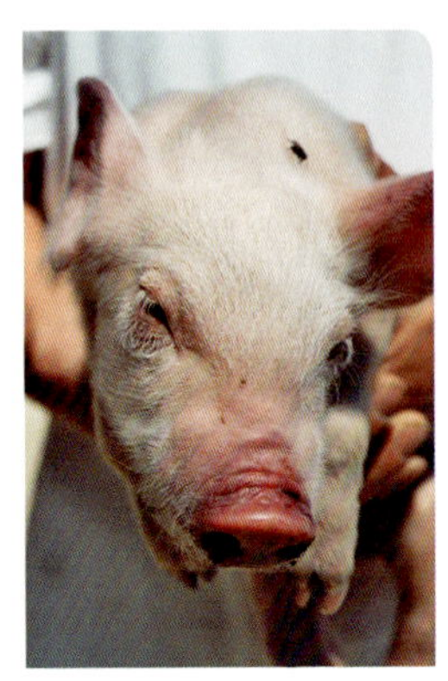

Abb. 80a+b Starker Sauerstoffmangel führt zu einer Zyanose.

Sekret aus der Lunge nach außen befördert. Wenn Schleimhautreizungen im Vordergrund stehen, kann aber auch ein trockener Husten, der so genannte Brüllhusten, auftreten. Entwickelt sich eine Lungenentzündung lässt sich eine erhöhte Körpertemperatur und bei Virusinfektionen auch hohes Fieber über 40 °C feststellen. In der Regel ist dann auch das Allgemeinbefinden gestört und die Tiere verweigern das Futter und sind teilnahmslos.

Im weiteren Verlauf verändert sich der Atemtyp, so dass die Ausatmung deutlich kürzer und durch Bauchbewegungen unterstützt wird. Man spricht dann vom so genannten Flankenschlagen, das oft von deutlichen Atemgeräuschen und mitunter auch von Atemnot begleitet wird. Die Schweine liegen dann nicht entspannt auf der Seite, sondern häufig in Brustlage. Das Maul wird zum Einatmen geöffnet und der Oberkörper wird aufgerichtet, so dass die Tiere eine hundesitzartige Stellung einnehmen. Bei zunehmender Atemnot ist eine ausreichende Versorgung mit Sauerstoff nicht mehr gewährleistet, dann sind besonders die Ohren oder die Gliedmaßenenden blau verfärbt und eine deutliche Zyanose liegt vor. Schweine mit Lungenerkrankungen können daher akut verenden. Häufig entwickelt sich aber ein eher chronisches Krankheitsbild. Während akut erkrankte Tiere in der Regel eine gute körperliche Entwicklung zeigen, bleiben chronisch kranke Tiere im Wachstum zurück, sind abgemagert, blass und haben ein struppiges Haarkleid. Häufig stehen sie so aufgekrümmt, dass sogar bleibende Schäden der Wirbelsäule entstehen können.

Ursachen

Zahlreiche Ursachen für Erkrankungen des Respirationstraktes können in Frage kommen. Eine Reizung der Atemwege kann bereits durch eine fehlerhafte Lüftung mit der Folge einer zu trockenen oder staubigen Luft und erhöhten Schadgaskonzentrationen entstehen. Innenparasiten zerstören bei ihrer Körperwanderung das Lungengewebe. Unterschiedliche Kombinationen bakterieller oder viraler Infektionserreger können als Verursacher von komplexen, multifaktoriellen Atemwegserkrankungen identifiziert werden. Neben der allgemeinen Wetterlage mit einer Häufung von Atemwegserkrankungen in der Übergangsjahreszeit, spielen noch folgende Risikofaktoren eine große Rolle:

- hohe Bestands- und Abteiltierzahlen
- hohe Belegdichte
- Ferkel verschiedener oder unbekannter Herkunft
- kontinuierliches Produktionssystem
- hoher Anteil an Jungsauen
- Mängel in Wärmedämmungs- und Belüftungssystemen
- fehlende Heizungen
- Parasitenbefall
- viele Außenkontakte
- hohe Schweinedichte in der Region

Differentialdiagnostisch müssen Kreislaufbelastungen, Blutverlust oder Eisenmangel ausgeschlossen werden, die auch zu Atemnot führen können.

Diagnose

Aufgrund der multifaktoriellen Krankheitsentstehung ist die Ursache für Atemwegserkrankungen im Bestand häufig schwer zu erfassen. Der klinische Verlauf kann nicht immer hinweisend auf eine Verdachtsdiagnose sein. Frisch verendete oder akut erkrankte Tiere sollten daher seziert werden, um durch die pathologischen Veränderungen am Lungengewebe und vor allem auch durch eine weiterführende Erregerdiagnostik aus Lungengewebe weitere Hinweise auf die Erkrankungsursache zu bekommen. Zum Nachweis von Infektionserregern am lebenden Tier sind bei bestimmten Erregern auch Nasen- oder Tonsillentupfer und Lungenspülungen geeignet. Blutproben eignen sich für die serologischen Untersuchungen auf Antikörper, um zu überprüfen, ob sich das körpereigene Abwehrsystem mit den entsprechenden Erregern oder Impfstoffen bereits auseinandergesetzt hat.

Tab. 1 Wichtige Atemwegs-Krankheitserreger

Bakterien:	**Viren:**
Mykoplasmen	Influenzaviren
Pasteurellen	PRRS-Virus
Bordetellen	Coronaviren
Haemophilus parasuis	Schweinepestvirus
Streptokokken	Aujeszky-Virus
Actinobacillus pleuropneumoniae	PCV2-Virus

Behandlung

Bei einer bakteriellen Infektion können die erkrankten Tiere oral oder per Injektion mit Antibiotika behandelt werden, um die Erreger abzutöten oder deren weitere Vermehrung zu verhindern. Schleimlösende Medikamente können unter Umständen die Wirkung der Antibiotika und eine Ausheilung unterstützen. Dies gelingt bei viralen Erregern nicht, bei denen eine entzündungshemmende Therapie versucht werden kann. Grundsätzlich sind hier die Verhinderung der Erregereinschleppung und vorbeugende Impfmaßnahmen von größter Bedeutung. Durch die Verabreichung von entzündungshemmenden und schmerzstillenden Präparaten können die Atmung erleichtert und weitere Schmerzen und Schäden bei den Tieren verringert werden.

	Saugferkel				Aufzuchtferkel						Vormast				Mast									
Lebenswoche	1	2	3	4	5	6	7	8	9	10	11	12	13	14	15	16	17	18	19	20	21	22	23	24
Zytomegalievirus	░	▨	▨	■	■	■																		
Mycoplasma hyorhinis	░	▨	▨	▨	■	■	■	■	■	■														
Bordetella bronchiseptica		░	▨	▨	▨	▨	■	■	■	■	■	■	■	■	■	■	■	■	■	■	■	■	■	■
Haemophilus parasuis		░	▨	▨	▨	▨	■	■	■	■	■	■												
Mycoplasma hyopneumoniae				░	░	░	░	░	░	▨	▨	▨	▨	▨	▨	▨	▨	■	■	■	■	■	■	■
PRRSV	░	░	░	░	░	░	▨	▨	■	■	■	■	■	■	■	■	■	■	■	■	■	■	■	■
PCV2	░	░	░	░	▨	▨	▨	▨	▨	▨	▨	■	■	■	■	■	■	■	■	■	■			
Influenza A Virus											░	▨	▨	■	■	■	■	■	■	■	■	■	■	■
Streptococcus suis	░	░	▨	▨	■	■	■	■	■	■	■	■	■	■										
Actinobacillus pleuropneumonaie									░	░	▨	▨	▨	▨	■	■	■	■	■	■	■	■	■	■
Pasteurella multocida						▨	■	■	■	■	■	■	■	■	■	■	■	■	■	■	■	■	■	■

░ Infektion ▨ Infektion, klinische Symptome ■ klinische Symptome

Tab. 2 Zeitgleiches Auftreten relevanter Atemwegserreger

Vorbeuge

Die Verminderung von Risikofaktoren für die Entstehung von Atemwegserkrankungen muss an erster Stelle stehen. Des Weiteren können bestandsspezifische, auf die beteiligten Erreger bezogene Impfmaßnahmen durchgeführt werden.

Verlauf und Ausgang

Bei Atemwegerkrankungen handelt es sich in der Regel um ein multifaktorielles Geschehen mit unterschiedlichsten Krankheitsverläufen. Bei der Interpretation von Untersuchungsergebnissen kommt es darauf an, zunächst den Faktor oder Erreger zu bekämpfen, der vermutlich den größten Einfluss auf das Krankheitsgeschehen hat.

12.2 Ferkelgrippe

Die Ferkelgrippe oder Enzootische Pneumonie ist weit verbreitet, wobei klinische Erkrankungen aufgrund konsequen-

Abb. 81 Die Schweine husten beim Auftreiben.

ter, routinemäßig durchgeführter Impfmaßnahmen seltener geworden sind.

Symptome

Bei der Ferkelgrippe handelt es sich im engeren Sinne um eine mild verlaufende Erkältungskrankheit, bei der besonders beim Auftreiben trockener Husten auffällt. Meist sind sehr viele Tiere mit nur geringgradig gestörtem Allgemeinbefinden erkrankt. Am schwersten erkranken Ferkel und Mastschweine. Durch Sekundärinfektionen kann sich das Krankheitsbild schnell verschlimmern. Häufig treten dann Husten mit Fieber und Atemnot auf, die Zunahmen im Mastbereich sind verringert und die Mastdauer ist verlängert.

Ursachen

Es handelt sich um eine Infektion mit dem bakteriellen Erreger *Mycoplasma (M.) hyopneumoniae,* der zu der kleinsten Bakterienfamilie gehört. *M. hyopneumoniae* ist nicht zwingend krankmachend, kann aber das Flimmerepithel auf der Schleimhaut der Atemwege zerstören und dadurch Wegbereiter für zahlreiche Sekundärinfektionen sein (s. o.).

Diagnose
Neben dem klinischen Bild sind das Sektionsbild, bzw. die Lungenbefunde geschlachteter Tieren mit akuten bis eitrigen Spitzenlappenpneumonien ein wichtiger Hinweis auf die Erkrankung. Erregernachweise im Lungengewebe oder in Lungenspülproben sind diagnostisch hilfreich. Aufgrund der weiten Verbreitung des Erregers und der Tatsache, dass die Ferkel in den meisten Betrieben geimpft werden, ist die Aussagekraft serologischer Untersuchungen fraglich.

Behandlung
Zur Reduzierung des Erregerdrucks und zur Verhinderung von Sekundärinfektionen kann eine antibiotische Behandlung durchgeführt werden. Entzündungshemmende und schmerzlindernde Medikamente können gegebenenfalls die Leiden und Schäden bei den betroffenen Tieren mildern.

Vorbeuge
Verbesserungen des Stallklimas und eine Minimierung der oben genannten Risikofaktoren sind wichtige Maßnahmen, um der Erkrankung vorzubeugen. In vielen Ferkelerzeugerbetrieben werden die Ferkel inzwischen schutzgeimpft, damit sie bis zum Mastende vor dem Ausbruch der Erkrankung geschützt sind.

Verlauf und Ausgang
Die Ferkelgrippe alleine ist nur eine milde Atemwegserkrankung. Sie gilt jedoch als der wichtigste Wegbereiter für andere Erreger, die dann zu schwerwiegenden Atemwegserkrankungen mit vermehrten Todesfällen führen können.

12.3 APP

Die **A**ktinobacillus **P**leuro**p**neumonie (APP) ist als Erkrankung der Mastschweine weit verbreitet.

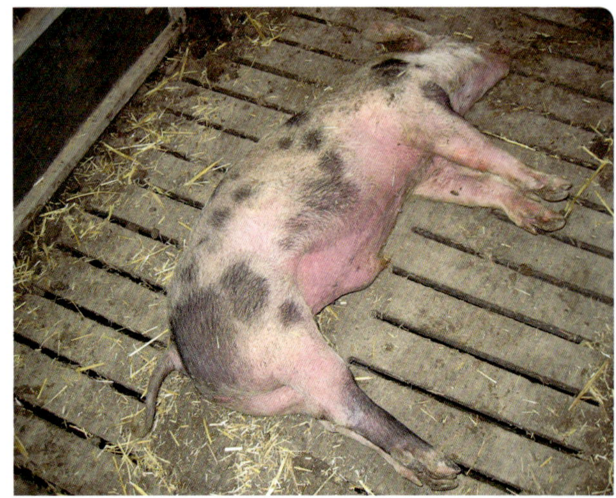

Abb. 82 Plötzliche Todesfälle mit blutig, schaumigem Nasenausfluss als Folge einer Infektion mit APP.

Symptome

Nach einer APP-Infektion werden vier unterschiedliche Verlaufsformen unterschieden: Perakut können hochgradige Atemnot und plötzliche Todesfälle innerhalb weniger Stunden auftreten. Sehr hohes Fieber, Futterverweigerung, Erbrechen und Teilnahmslosigkeit der Schweine werden beobachtet und verendete Schweine können schaumig-blutigen Nasenausfluss aufweisen.

Die akute Verlaufsform äußert sich durch eine erhöhte Atemfrequenz mit schmerzhaftem Husten, Fieber, Futterverweigerung und Teilnahmslosigkeit. Ohne eine antibiotische Behandlung verenden stark betroffene Tiere innerhalb von Tagen. Häufig geht die akute aber auch in die chronische Verlaufsform über, die durch geringes und wechselndes Fieber und vereinzelt Husten nach Belastung gekennzeichnet ist. Die Mastschweine bleiben im Wachstum zurück und kümmern. Sehr weit verbreitet ist aber auch die äußerlich symptomlose Infektion, bei der Träger des Erregers lediglich latent infiziert sind.

Ursachen

Bei der Erkrankung handelt es sich um eine bakterielle Infektion mit *Actinobacillus pleuropneumoniae*. Bisher sind 15 Serotypen des Erregers bekannt, die sich in ihrer krankmachenden Wirkung unterscheiden. Durch Toxine, die vom Erreger gebildet werden, wird Lungengewebe herdförmig oder über die gesamte Lunge verteilt, zerstört. *Actinobacillus pleuropneumoniae* wird hauptsächlich durch latent infizierte Schweinen, aber auch wenige Meter über die Luft und kurzzeitig auch über verschmutztes, unbelebtes Material übertragen.

Diagnose

Die klinischen Symptome der akuten Verlaufsform lassen eine Verdachtsdiagnose zu. Bei verendeten Schweinen ist eine Sektion dringend zu empfehlen, um die typischen Veränderungen an der Lunge und den Erreger nachweisen zu können. In der akuten Phase liegt eine hämorrhagisch-nekrotisierende Pneumonie mit einer Pleuritis vor. In der chronischen Phase dominieren Verwachsungen zwischen Lungen- und Brustfell sowie abszessartige Lungengewebssequester. Bewährt hat sich die Untersuchung und Bewertung von Lungen auf dem Schlachthof.

Behandlung

Eine antibiotische Behandlung ist möglich, führt jedoch nur selten zur Eliminierung der Erreger.

Vorbeuge

Impfstoffe sind auf dem Markt verfügbar und werden mit wechselndem Erfolg eingesetzt. Durch eine generelle Verbesserung der Risikofaktoren für Atemwegserkrankungen kann in vielen Fällen der Ausbruch der Erkrankung verhindert werden.

Verlauf und Ausgang

Bei einer frischen Infektion einer negativen Herde mit pathogenen Serotypen verläuft die Erkrankung dramatisch mit vermehrten Todesfällen. Generell ist der Erreger jedoch in vielen Beständen verbreitet. Ohne belastende Risikofaktoren oder andere Infektionen kommt es häufig nicht zum Ausbruch der Erkrankung.

12.4 Glässersche Krankheit

Symptome

Die Glässersche Krankheit wird hauptsächlich bei Saug- und Absetzferkeln beobachtet, aber auch ältere Tiere können erkranken. Aborte bei Sauen sind beschrieben. Hohes Fieber, Apathie und Futterverweigerung sind die ersten, unspezifischen Symptome für eine Infektion. Im akuten Stadium können Tiere mit zentralnervösen Störungen und aufgekrümmten Rücken beobachtet werden und plötzliche Todesfälle treten auf. Oft zeigen die Ferkel deutliche Schmerzäußerungen mit Quieken. Bei der chronischen Verlaufsform dominieren Atemwegserkrankungen und Lahmheiten mit geschwollenen und entzündeten Gelenken. Die betroffenen Tiere bleiben deutlich im Wachstum zurück und kümmern häufig.

Ursachen

Auch bei der bakteriellen Infektion mit *Haemophilus parasuis* können verschiedene Erregerstämme mit unterschiedlichen krankmachenden Eigenschaften differenziert werden, die für die unterschiedlichen Verlaufsformen der Erkrankung verantwortlich gemacht werden. Derzeit sind 15 Serotypen des Erregers bekannt. Die Infektion führt zu einer Entzündung der serösen Häute, wie z. B. Bauch- und Brustfell, aber auch in den Gelenken oder an der Hirnhaut.

Diagnose

Aufgrund des gemeinsamen Auftretens von Atemwegserkrankungen, Bauchfell-, Gelenks- und Hirnhautentzündungen im Bestand sowie dem klinischen Verlauf kann eine Verdachtsdiagnose gestellt werden. Diese sollte durch eine Sektion untermauert werden. Typisch sind fibrinös-eitrige Entzündungen mit vermehrter Bauch- und Brusthöhlen-

Abb. 83 Kümmern, Husten und Gelenksentzündungen bei der Glässerschen Krankheit.

flüssigkeit, sowie Verklebungen des Bauch- und Brustfells. Der Erregernachweis gelingt häufig nur beim frisch erkrankten Tier und aus frisch entnommenem Untersuchungsmaterial.

Behandlung

Eine antibiotische Behandlung ist möglich und sollte frühzeitig durchgeführt werden.

Vorbeuge

Mit dem verfügbaren Impfstoff können eine Muttertierimpfung zum Schutz der Ferkel, aber auch die Impfung von Ferkeln oder Mastschweinen durchgeführt werden. Der Impfzeitpunkt sollte abhängig vom Auftreten der klinischen Symptome gewählt werden. Bei der Auswahl der Impfstoffe muss auf die Serotypen geachtet werden, die im Bestand auch die Probleme verursachen.

Verlauf und Ausgang

Bei frisch erkrankten Tieren und zur Vorbeuge kann eine antibiotische Behandlung Besserung bringen. Chronisch kranke und kümmernde Tiere sollten euthanasiert werden.

12.5 Influenza

Influenzaviren verursachen nicht nur beim Schwein, sondern auch beim Menschen und vielen anderen Tierarten schwerwiegende Lungenentzündungen.

Symptome

Der zeitliche Ablauf einer akuten Infektion mit Influenzaviren ist recht typisch, denn oft trifft das Sprichwort zu: Eine Grippe kommt 3 Tage, bleibt 3 Tage und geht 3 Tage. Zu Beginn zeigen sich Futterverweigerung und Mattigkeit bis hin zur Apathie. Die Erkrankung bereitet sich schnell im gesamten Stall aus. Nahezu alle Tiere zeigen einen schmerzhaften Husten und die Körpertemperatur steigt an. Auf dem Höhepunkt der Erkrankung kann Fieber bis über 41 °C, gelegentlich sogar über 42 °C gemessen werden. Atemnot wird deutlich und durch hundesitzartige Stellung versu-

Abb. 84 Husten mit hohem Fieber kann durch die Influenza verursacht werden.

chen die Schweine das Zwerchfell zu entlasten. Bei Sauen können durch das hohe Fieber Aborte und Störungen der Fruchtbarkeit (Anöstrie) ausgelöst werden. Todesfälle durch eine alleinige Influenzainfektion sind selten. Bei unkomplizierten Verläufen können die Tiere bereits nach sechs Tagen wieder vollständig erholt sein. Sehr häufig sind jedoch virale oder bakterielle Sekundärinfektionen, die dann zu schwerwiegenden chronisch-eitrigen Lungenentzündungen mit Brustfellverwachsungen führen können. Die Folge sind Wachstumsdepressionen, Kümmern mit chronischer Atemnot und Flankenschlagen bis hin zu Todesfällen.

Nicht immer ist das Krankheitsbild so eindeutig. Bei einem heterogenen Immunstatus im Bestand können auch nur Einzeltiere oder Untergruppen von Tieren husten. Durch neu aufgetretene Typen wird dieses Bild in der letzten Zeit häufiger beobachtet. Die Fruchtbarkeitsleistung der Herde ist herabgesetzt. Schlecht rauschende Sauen, eine erhöhte Umrauschquote und kleine Würfe mit lebensschwachen Ferkeln können im Bestand beobachtet werden.

Ursachen

Die Krankheit wird durch das Influenza-A-Virus verursacht. Anhand unterschiedlicher Oberflächenantigene H (Hämagglutinin) und N (Neuraminidase) werden die Viren in verschiedene Subtypen unterteilt. Eine unterschiedliche Virulenz von Virusstämmen kann auch zu unterschiedlich deutlichen Erkrankungen führen. In Deutschland sind Infektionen mit den Subtypen H1N1 und H3N2 seit fast 3 Jahrzehnten weit verbreitet. Vor etwa 15 Jahren wurde der Subtyp H1N2 insbesondere in schweinedichten Regionen nachgewiesen. Seit einigen Jahren sind Betriebe vermehrt mit einem pandemischen H1N1 Virus infiziert. Bei akuten Infektionen werden die Viren über die Atemluft als Tröpfcheninfektion oder durch direkten Kontakt übertragen. Schweine können Influenzaviren auch auf Menschen und Vögel übertragen und Menschen können das Schwein infizieren.

Diagnose

Das Virus kann bei einer akuten Erkrankung in Nasentupfern und Lungenspülproben von lebenden Tieren oder im Lungengewebe von Tieren, die zur Sektion eingesandt worden sind, nachgewiesen werden. Die Verbreitung der Infektion und auch der Verlauf der Influenza kann anhand von serologischen Blutuntersuchungen nachgewiesen werden.

Behandlung

Eine direkte Therapie ist nicht möglich. Durch eine antibakterielle Behandlung können aber bakterielle Sekundärinfektionen bekämpft und ggf. verhindert werden. Die Applikation schmerzstillender und entzündungshemmender Medikamente beschleunigt den Genesungsprozess.

Vorbeuge

Vorbeugende Impfmaßnahmen sind möglich. Es stehen Totimpfstoffe mit den Subtypen H1N1, H3N2 und H1N2 zur Verfügung, die bei Zuchttieren oder Mastschweinen eingesetzt werden können.

12.6 PRRS (Porcine Reproductive and Respiratory Syndrome)

(Siehe Kap. 11.1)

12.7 Porzines Circovirus Typ 2 (PCV2)

(Siehe Kap. 5.3.)

12.8 Bakterielle Mischinfektionen

Bakterielle Mischinfektionen folgen häufig anderen von den oben beschriebenen Infektionen und verschlimmern das Krankheitsbild. Aber auch Vorschädigungen der Lunge durch z. B. Schadgase oder Erkältung nach Lüftungsfehlern können zum Angehen bakterieller Mischinfektionen führen.

Symptome

Ausgehend von der Grunderkrankung kommt es zum Hustenreiz der je nach Art der beteiligten Erreger feucht und produktiv oder trocken ausfallen kann. Häufig geht Fieber mit bis zu 40 °C einher. Im Verlauf der Erkrankung kommt es bei einem Teil der Tiere zum Kümmern, auch Todesfälle werden beobachtet.

Ursache

Bakterielle Mischinfektionen der Atemwege werden durch verschiedene Bakterien hervorgerufen. Hier sind insbesondere Streptococcus suis, Pasteurella multocida Typ A, Bordetella bronchiseptica als Verusacher genannt. Wie bereits oben erwähnt, liegt meistens eine Vorschädigung der Lunge durch z. B. virale Infektionen oder Schadgase vor.

Diagnose

Die klinischen Symptome lassen auch hier nur eine Verdachtsdiagnose zu. Bei verendeten Schweinen ist eine Sektion dringend zu empfehlen, um die Veränderungen an der Lunge zu sehen und den/die Erreger nachzuweisen. Eine Untersuchung von Blutproben führt hier nicht zum Erfolg. Allenfalls die Anzüchtung der Erreger aus Lungenspülproben ist möglich.

Behandlung

Eine antibiotische Behandlung nach Erregerisolierung und Resistenztest ist möglich. Die Wahl des Antibiotikums richtet sich hierbei nach Art der beteiligten Erreger und der Resistenzlage.

Vorbeuge

Impfstoffe stehen nicht zur Verfügung, es ist aber möglich aus der isolierten Erregern herstellte stallspezifische Impfstoffe zu erstellen.

Service

Begriffsbestimmungen

Anämie	Blutarmut
Anöstrie	Fehlende Brunstsymptome
Azidose	Übersäuerung
Antikörper	Körpereigen Abwehrstoffe, die nach natürlichen Infektionen oder Impfungen entstehen
ELISA	Enzyme Linked Immunosorbent: Assay Nachweisverfahren von Antikörpern
Endotoxine	Zerfallsprodukte von Bakterien, die zu Fieber und Entzündungen führen können
Eradikation	Tilgung einer Erkrankung im Bestand oder Land
Granulationsgewebe	Junges, gut durchblutetes Narbengewebe
Granulom	Geschwulstähnliche Neubildung
Immunglobuline	Antikörper (s. o.)
Keulung	Staatlich angeordnete Tötung von Tieren
Metaphylaxe	Antibiotische Behandlung zur Reduktion von Infektionserregern, bei noch nicht sichtbaren Erkrankungen
Mykotoxine	Giftstoffe der Schimmelpilze
Nekrose	abgestorbenes Gewebe
Ödem	Wassereinlagerung im Gewebe
PCR	Polymerase chain reaction: Vervielfältigung und Nachweisverfahren von Erbsubstanz
Perakut	sehr schneller Krankheitsverlauf
Prophylaxe	Vorbeugende Gesundheitsmaßnahmen
Serologische Untersuchung	Nachweis von Antikörpern in Blutproben
Serotypen	Unterscheidbare Variationen von einzelnen Viren oder Bakterien
Toxin	Giftstoff
Ubiquitär	Überall vorkommend
Vakzination	Impfung
Virulenz	Krankmachende Eigenschaft
Zyanose	Blaurote Hautverfärbung, bei mangelnder Sauerstoffversorgung

Bildquellen

Umschlag, oben links: Arco images/ D. Usher, oben rechts: Christian Mühlhausen/Landpixel, unten: Ludger Bütfering, Landwirtschaftskammer NRW
Fa. Boehringer Ingelheim: Abb. 46b.
Friedrich Löffler Institut, Insel Riems: Abb. 22a und b, 34, 35
Goertz, Heiko, LPA Frankenforst, Universität Bonn: Abb. 23a
Klinik für kleine Klauentiere, Tierärztliche Hochschule Hannover: Abb. 15, 20, 46a, 67a u. b.
Schwarz, Lukas, Klinik für Schweine, Veterinärmedizinische Universität Wien: Abb. 56
Wendt, Michael, Klinik für kleine Klauentiere, Tierärztliche Hochschule Hannover: Abb. 36
Alle anderen Abbildungen stammen, wenn nicht anders vermerkt, von den Autoren.

Die Zeichnungen fertigte Artur Piestricow, Stuttgart, nach Vorlagen der Autoren.

Sachregister

A
Abort 48, 49, 54, 58, 101, 106, 136, 139, 140, 141, 142, 158, 159, 172, 174
Absetzen 8, 10, 33, 37, 42, 47, 68, 77, 112, 140
Actinobacillus pleuropneumoniae 166, 169, 170
Afterlosigkeit 77, 78
Aktinomykose 42
Anämie 24, 62, 66, 132
Apophyseolysis 97, 98
Arcanobacterium 14
Arthrose 92
Ascaris suum 128, 132
Ataxie 9
Atemnot 8, 69, 164, 165, 168, 169, 174
Atemwegserkrankungen 34, 36, 132, 136, 163, 165, 166, 169, 171, 172, 176, 177
Augenlid 9, 12
Aujeszky 166
Aujeszkysche Krankheit 10, 105, 142
Ausschuhen 82, 84

B
Backsteinblattern 53, 54, 55
Belastungsmyopathie 38, 39, 40
Belegdichte 37, 47, 75, 76, 118, 134, 165
Bindehautentzündung 57, 136
Binneneber 150, 151, 153
Bissverletzungen 6, 74
Bläschen 44, 81, 82
Bläschenkrankheit 81, 82, 83, 84
Blässe 38, 66, 69, 144
Blutohr 19
Blutverlust 133, 144, 165
Bordetella bronchiseptica 23
Bordetellen 24, 166, 178
Brachyspiren 115, 116
Brucellose 141
Bruchferkel 150, 151, 152

C
Chlamydien 13
Circovirus 10, 33, 34, 35, 37, 38, 166, 176
Clostridien 108, 109
Clostridium perfringens 108, 110
Coronaviren 166
Cystoisospora suis 128

D
Darmblutungen 119
Desoxynivalenol 159, 160
Durchfall 36, 58, 109, 111, 112, 127, 158, 160
Durchfallerkrankungen 9, 34, 79, 80, 108, 109, 110, 113, 114, 115, 116, 117, 118, 119, 120, 122, 123, 148
Dysenterie 114, 115, 118, 158
Dyspnoe 164

E
Eisenmangelanämie 21, 66, 69, 70
Endometritis 144, 147
Enteritis 34
Enzootische Pneumonie 167
Eperythrozoonose 18, 69, 70, 73
Epiphyseolysis 97, 98
Erbrechen 84, 158, 160, 170
Erdrückungsverluste 63, 86
Erysipelothrix rhusiopathiae 55
Escherichia coli 9, 10, 91, 109, 110, 111, 112, 141, 149, 158

F
Ferkelgrippe 167, 168, 169
Ferkelruß 45, 48
Fieber 8, 53, 55, 57, 69, 81, 105, 123, 135, 140, 142, 144, 149, 164, 168, 169, 170, 172, 174, 176, 177, 179
Flankenschlagen 164, 175
Fruchtbarkeitsleistung 175
Fruchtbarkeitsstörungen 31, 49, 86
Fütterung 2, 10, 29, 36, 114, 132, 149, 150, 162
Futterverweigerung 84, 100, 135, 140, 144, 158, 169, 170, 172, 174
Futterwechsel 10, 18, 55, 85, 134, 149

G
Gebärmutterentzündung 147, 149, 159
Gebärmuttervorfall 156
Geburtshilfe 146, 148, 155, 157
Gelbsucht 33, 69, 70, 71
Gelenksentzündungen 7, 31, 55, 85, **87**, 90, **91**, 92, 93, 94, 101, **172**, 173
Gesäugeentzündung 147, 148
Gesäugeverletzungen 7
Glässersche Krankheit 173
Grätscher 73, 95

H
Haemophilus parasuis 10, 23, 90, 166, 172
Hämatopinus suis 62
Harnwegsinfektion 143, 145
Hautrötung 45
Hautverletzungen 6, 7, 17, 18, 19, 42, 55, 92, 103
Herzinsuffizienz 40
Hirnhautentzündung 100, 172. Siehe Meningitis
Husten 2, 58, 79, 80, 106, 163, 168, 170, 173, 174, 176

I
Ileitis 118, 120, 121
Influenza 35, 142, 166, 174, 175
Inkarzeration 28, 30

J
Juckreiz 18, 21, 44, 52, 61, 62, 64, 75

K
Kalzium 10, 52, 114, 146
Kannibalismus 18, 20, 21, 64, 73, 75
Kochsalzvergiftung 10
Kokzidien 127
Konjunktivitiden. Siehe Konjunktivitis
Konjunktivitis 12, 13
Koordinationsstörungen 14
Kopfschiefhaltung 14, 15, 19
Kreisbewegungen 14
Kümmern 33, 69, 119, 158, 173, 175, 177

L
Lahmheit 82, 84, 85, 86, 87, 89, 90, 91, 93, 97, 98, 100, 172
Läuse 61
Lawsonia intracellularis 118, 121, 122
lebensschwache Ferkel 136, 175
Leptospiren 141
Lidbindehautentzündung 13
Liegebeulen 87, 93
Listerien 141
Lungenentzündung 23, 24, 35, 174, 175

M
Magengeschwür 70, 120, 132, 133, 134
Mastdarmvorfall 157
Mastdarmvorfall 78, 155
Mastitis-Metritis-Agalaktie 92, 103, 147, 149, 160
Maul- und Klauenseuche 81, 82, 83
Meläna 133
Meningitis 10
Milben 64
Milchmangel 73, 92, 103, 109, 147, 159
Missbildungen 58, 77, 78, 150, 152, 154

MKS 84
Mumien 34, 58, 135, 138
Mutterkorn 18, 159
Mycoplasma hyopneumoniae 168
Mycoplasma hyorhinis 23
Mycoplasma suis 18, 69
Mykoplasmen 90, 166
Mykotoxine 18, 19, 20, 55, 72, 73, 80, 96, 138, 139, 141, 154, 156, 157, 158, 159, 160, 161, 162

N
Nabelabszess 29, 30
Nabelbruch 28, 29, 30, 31, 151
Nabelentzündung 29, 30, 31, 32, 90, 102
Nasenausfluss 22, 24, 106, 170
Nasenbluten 24
Nasenveränderungen 24, 27
Nierenversagen 144
Niesen 22, 24

O
Ochratoxine 159
Ödem 9
Ödemkrankheit 8, 10, 100, 110, 112
Ohrrandnekrosen 17, 69
Ohrspitzennekrose 159
Otitis 14, 19

P
Panaritium 81, 82, 88, 89, 91
Parakeratose 50, 51, 52
Parasiten 68, 165
Parvovirus 36, 138, 139, 140, 158
Pasteurella multocida 14, 24, 25, 26, 178
Pasteurellen 26, 166
Photosensibilität 49
Pilzgifte. Siehe Mykotoxine
PMWS 33, 36
PNDS 33, 34, 35, 36
Porzine intestinale Adenomatose 118, 121
Porzine Proliferative Enteropathie 118
Porzines Respiratorisches Coronavirus 176
PRRS 13, 35, 135, 136, 137, 139, 158, 166, 176
PRRS-Virus 13, 35, 136, 137, 166
PSE-Fleisch 40

Q
Quaddel 54
Querschnittslähmung 8, 9, 74

R
Rangordnungskämpfe 7, 19, 21, 38, 47, 134, 141
Rangordnungskämpfen. Siehe Rangordnungskämpfe
Räude 16, 52, 62, 63, 64, 65, 131
Raumtemperatur 10
Rein/Raus 37, 125
Resistenz 11, 56
Rhinitis 22, 23, 24, 25, 26, 33, 36, 158
Ringflechte 44
Rotlauf 53, 56, 58, 141
Ruderbewegungen 8

S
Salmonellen 123, 124, 125, 126
Sarcoptes suis 64
Schadgas. Siehe Schadgase
Schadgase 13, 23, 25, 76, 165, 177, 178
Schadnagerbekämpfung 125, 126
Scheidenausfluss 141, 144, 147, 148
Scheidenschwellung 157
Scheidenvorfall 79, 154, 156
Schnüffelkrankheit 13, 24
Schock 133
Schwanznekrose 72
Schweinepest 56, 57, 58, 59, 60, 61, 142, 166
Selenvergiftung 84
SMEDI 138, 139, 160
Sonnenbrand 48, 49
Speicheln 84, 105
Spulwurm 128, 129, 130, 131
Stallklauen 50, 85, 86, 87
Stallklima 13, 18, 23, 26, 37, 38, 75, 76, 134, 146, 169
Staphylococcus hyicus 47
Staphylokokken 13, 18, 31, 45, 46, 91
Stau 25
Staub 12, 13, 22, 23, 26
Strahlenpilz 41
Streptococcus suis 101, 178
Streptokokken 10, 14, 18, 31, 56, 90, 91, 100, 104, 141, 144, 166
Stress 18, 75, 96, 102, 132, 134

T
TGE 176, 177
Totgeburten 34, 58, 135, 136, 139

Tränenfluss 12
Trichothecene 158, 159

U
Umrauschen 48, 101, 136, 140, 144, 157, 159, 175
Umsetzen 7
Unfruchtbarkeit 138, 159
Unruhe 61, 63, 64
Untertemperatur 95, 123, 132, 144

V
Verbrennung 48

W
Würmer 130

Z
Zearalenon 157, 159, 160
Zentralnervöse Störungen 105
Zinkmangel 50, 52
Zugluft 13, 76, 144, 146
Zwitter 150, 151, 153
Zyanose 58, 69, 123, 164
Zytomegalovirus 23

Dr. Jürgen Harlizius
ist seit 1997 Fachtierarzt für Schweine. Seine Berufung ist der Schweinegesundheitsdienst, wo sich Wissenschaft und Praxis treffen und der enge Kontakt zu Landwirtschaftlichen Verbänden, Zuchtunternehmen und der Veterinärverwaltung besteht. Der Kern der Arbeit sind aber nach wie vor die regelmäßigen Besuche auf den schweinehaltenden Betrieben. Nach einem Jahr beim Schweinegesundheitsdienst in Koblenz, Rheinland-Pfalz arbeitet Dr. Harlizius seit 1999 in Bonn bei der Landwirtschaftskammer Rheinland und ist seit der Kammerfusion 2001 Leiter des Schweinegesundheitsdienstes bei der Landwirtschaftskammer NRW mit Sitz in Bonn und Münster.

Univ.-Prof. Dr. Isabel Hennig-Pauka
gehört seit 2007 zu den Diplomates of the European College of Porcine Health Management. Seit 2012 leitet sie die Klinik für Schweine an der Veterinärmedizinischen Universität Wien, wo sie einerseits in Lehre und Dienstleistung eingebunden ist, andererseits mit ihrem Team in Kooperation mit anderen Instituten wissenschaftlich auf verschiedenen Gebieten der Schweinemedizin arbeitet. Der enge Kontakt zu den praktizierenden Tierärzten, Landwirten und landwirtschaftlichen Verbänden stellt die Basis für eine praxisnahe studentische Ausbildung und die Durchführung von Feldstudien auf landwirtschaftlichen Betrieben dar.

Bibliografische Information der Deutschen Nationalbibliothek
Die Deutsche Nationalbibliothek verzeichnet diese Publikation in der Deutschen Nationalbibliografie; detaillierte bibliografische Daten sind im Internet über http://dnb.d-nb.de abrufbar.

Wollgrasweg 41, 70599 Stuttgart (Hohenheim)
E-Mail: info@ulmer.de
Internet: www.ulmer.de
Lektorat: Werner Baumeister
Herstellung: Ulla Stammel
Umschlagentwurf: Atelier Reichert, Stuttgart
Satz: r&p digitale medien, Echterdingen
Reproduktionen: Timeray, Herrenberg
Druck und Bindung: Offizin Andersen Nexö, Zwenkau
Printed in Germany

ISBN 978-3-8001-5735-8